疾 ———————— 速

OODA
循環思考

| 入門 |

讓你瞬間做出判斷、即刻行動的技術

OODAループ思考[入門]

日本人のための世界最速思考マニュアル

Irie Hiroyuki

入江仁之

黃姿頤・譯

前言

OODA 循環思考，讓人快速適應環境

OODA 循環思考擁有絕佳的速度和靈活度

OODA 循環思考是由美國空軍上校約翰‧博伊德（John Boyd）所倡導，基本理論以領先敵方且贏得全面性勝利為目標。最初，這套理論基於戰鬥機飛行員的經驗，目的是在交戰瞬間獲得勝利。而後，博伊德融會貫通各項科學理論，並嘗試運用於各領域，最終，OODA 循環思考受到歐美各界的認可，成為一套「**面對任何情況，經由明確的判斷與執行，可確實達到目標的普遍性理論**」，廣泛運用於戰略、政治，甚至商業與運動領域。

現在，除了美國等全球軍事組織，還有以矽谷為主流的商業菁英，都喜愛且使用這套思考法。OODA 循環思考對東方人而言較為陌生，本書正是帶領讀者了解及學會活用這套思考法的入門書。

不過，令人惋惜的是，博伊德並未彙整 OODA 循環思考相關理論，只留下演講簡報與短篇論文等，就離開人世。

因此，為了將 OODA 循環轉換為可學習及實踐的普遍性思考法，必須對他提出的各項理論進行補充，整理成一套系統。因此，先向各位聲明一點，本書內容主要基於博伊德所留下的理論，同時加入了作者實務驗證的獨特語彙與框架思考。

思考法各有特性

話說回來，提到思考法，大家會想到什麼？

最近，日本出現各式各樣的思考法，大家應該常常聽到，邏輯思考、假設性思考、設計思考等詞彙。讓我們舉幾個代表性的例子。

如右頁圖表所示，思考法各有其特點，也各有優缺點。例如：「邏輯思考」運用廣泛，面對複雜的問題時，可藉由整理和分析而條理分明，精確導出結論，因此，優點是只要流程正確，基本上任何人都可以得出相同的答案。相反的，缺點是需要花費相當多的時間才能獲得答案。

另外，「設計思考」主要用於產品與服務的開發、流程的改善。製作原型，召集不同領域的人一起討論出結果，

因此會隨著對使用者了解的程度而得出不同的結論，自然也需要一定的時間。

「OODA 循環思考」嘗試檢討及了解各種思考法，它與其他思考法不同，沒有顯著的缺點。**不論主題、無關時間，誰都可以使用這種思考法**。全球軍事組織都把這種思考法用於戰術和戰略層面，從這一點來看，不難理解它的通用性。OODA 循環是一種可以運用在任何情況，少數著重在速度的思考法。

	正確性 依照正規流程，不易犯錯	速度性 可瞬間適時回應	彈性 何時何地都適用
邏輯思考 整理分析資訊，條理導出結論	◎	△	○
假設性思考 設立假說，收集資訊，反覆驗證與修正，解決問題	○	○	○
設計思考 依個人需求製作原型，一邊測試一邊解決問題	△	○	△
OODA 循環思考	○	◎	◎

OODA 循環是必備的思考法

我在為歐美日企業提供顧問服務之後，更加相信一直以來所堅持的速度，並且確信國人最根本的問題，在於個人的判斷與行動的速度。

說得更直白一點，大多數人慣用的思考法陋習，並不適合現今瞬息萬變的生活，甚至有極大的毀滅性。例如以下幾點：

- 與他人一致最重要。（過分強調一致的壓力）
- 熱愛分析和計畫，思考過於小心謹慎。（完美主義）
- 只在意他人的眼光，沒有自信。（強調正確的特性）
- 等待別人開始行動，自己才慌忙跟隨。
  （不想領先，也不想落後）
- 自己不觀察和思考來掌握情勢，一味接受固定模式。
  （停止思考）
- 不決定，不行動，不改變等。（知識怠惰）

我自己長年研究 OODA 循環思考法，並協助組織導入

這套思考法，經常見到不少缺乏活力、停滯不前且故步自封的組織。如果從經營團隊到第一線人員，每個人都不改變自己的思考法，很明顯的，企業不但行事不快速，也不會強化，更無法成長。

在極度要求速度與靈活度的時代，我們也必須擁有相對的思考法，但現在很多人正缺乏這一項。所以我決定出版這本書，即使只有一位也好，希望能有更多人靈活運用 OODA 循環思考法。

不過，有趣的是，約翰‧博伊德在創立 OODA 循環理論時，曾汲取了各種科學理論，其中 OODA 循環思考的架構，來自他最喜歡閱讀的一本書──日本劍豪宮本武藏的名著《五輪書》。

這套思考法的根本著重於領先對手以明確獲勝，而日本人竟然早已經擁有這套思想。這項事實應該要讓身為日本人感到驕傲，更令人開心的是，這個能夠讓人快速判斷和行動的思考法，原來近在咫尺，實在太有利於日本人了。因此，本書會引用《五輪書》的現代版解說（本書內容引用自魚住孝至編輯，角川學藝出版的《宮本武藏「五輪書」給初學者的日本思想》），一併介紹宮本武藏的軼事與思想，同時解說 OODA 循環思考法。

本書架構

　　本書為了讓讀者理解並運用 OODA 循環思考，以下述三點為核心來說明及介紹。

1 OODA 循環的結構

2 捷徑

3 世界觀的框架思考 VSAM

　　在序章中，我會提出六個理由說明，為何應該使用及如何使用 OODA 循環思考法，讓你在任何狀況都可以快速判斷和行動，收到實際的成效。

1　OODA 循環的結構

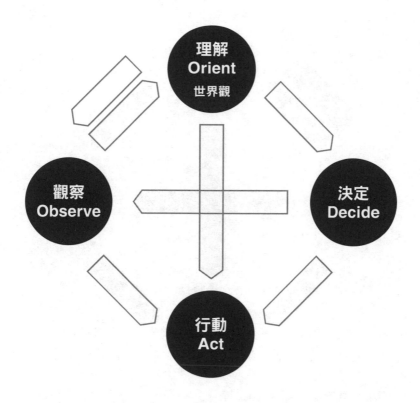

　　第 1 章說明 OODA 循環思考的概要，以及每個階段該做的事情和結構。

2 捷徑

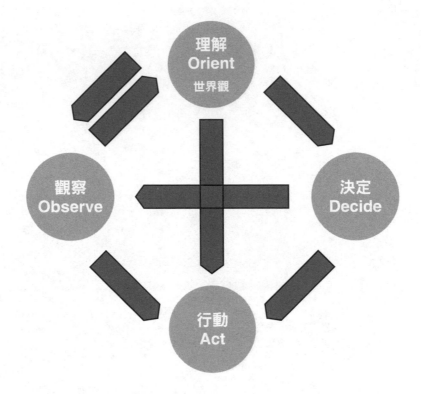

　　第 2 章說明為了在各種情況利用 OODA 循環思考，進而快速判斷和行動，一定要學會的捷徑。OODA 循環思考並非依照 OODA 順序，只朝一個方向循環、缺乏靈活度的思考法。圖示的箭頭，顯示了各種捷徑的功能，能讓人加速思考。在這個章節也會介紹，在什麼時候應該使用哪一條捷徑。

3 世界觀的框架思考 VSAM

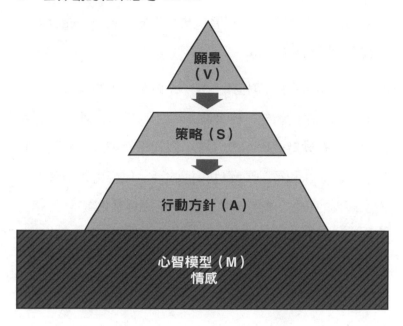

第 3 章集中說明 OODA 循環思考最重要的「理解（Orient）」。OODA 循環重視「理解（當下情況與將來走向）」情勢，因此首先應該掌握自己身處的世界觀。

OODA 循環思考中的「世界觀」，並非指藝術與思考領域常用的世界觀，而是必要的工具，在任何狀況下能加速賦予 OODA 循環功能的基礎。我將以 VSAM 的框架思考，針對常見的處境或想解決的問題，說明要建構哪一種世界觀。

第 4 章介紹需要哪些鍛鍊的方法，才能加快前面提到的 OODA 循環思考。不只著重思考方式，也盡可能具體說明從今天開始該做的事。

第 5 章說明預設對方的 OODA 循環，以便獲得自己希望的結果。眾所皆知，OODA 循環源自於戰鬥理論，原是以對方的行動為前提的思考法。對初學者來說，解讀並利用對方的想法和行動，難度可能太高，但若可以學會，將產生極大的功效，行有餘力的人一定要嘗試挑戰。

目次 ///////////////////////////

第 1 章
最快思考法的概要

第 2 章
OODA 循環的捷徑

第3章
以框架思考構成的世界觀

第4章
增進加速思考的要件

第5章
「深入對方 OODA 循環思考」的活用方式

序章

OODA 循環思考快速的
六大原因

現在是「不快速就容易產生令人扼腕的結果」的時代

　　大部分的人在成長過程中都聽過父母和老師這樣諄諄教誨：要先深思熟慮，才能行動，一定要三思而後行。然而，這些話所留下的印象，已經成為許多人內心的恐懼，讓人在選擇或決定的時候，缺乏自信，不斷來回思索自己所想的是否正確，有沒有其他更好的選項。相信這是大家都曾有過的經驗。

　　但是，不論結果是什麼……就算仔細思考，也不見得會得到好的結果。大家不覺得事實正是如此嗎？當然，要是時間充裕，盡量蒐集進行判斷時所需的資料，花費一點時間也不錯。然而，在現實生活中，這種情況可說是微乎其微。

　　以日常生活為例，讓我們來看看，年輕上班族赤坂先生決定向心儀已久的女客戶，提出共進晚餐邀約的故事。

赤坂先生與心儀女性的初次聚餐

一

　　今年秋天，兩人的公司預定在國際展示中心舉辦活動，因此一起為參展做準備。在回家的路上，兩人不經意聊到彼此都喜愛近日很熱門的音樂，相談甚歡。赤坂先生想要再多聊一聊，提出用餐的邀約，開始尋找附近的餐廳。但是，他站在初次到訪的街道上，心裡完全沒有概念。

　　「這裡好像不錯，但可能有點貴。」

　　「這家店裡好像都是常客，大概不方便在這裡聊天。」

　　赤坂先生看著沿街的店家，心裡不斷預設立場，眼看著就快要走到車站，失去共進晚餐的機會了。他焦慮地想著，「得快點決定才行！」這時，眼前出現了瑞典餐廳的招牌。赤坂先生從來沒有吃過瑞典料理，但是內心的焦躁感逼得他走進店裡。身高將近兩百公分的店員帶他們入坐，赤坂先生正感到慶幸時……

　　店員帶著微妙口音說：「餐點決定好之後，請告訴我。」接著轉身離去。

赤坂先生接過菜單看了看，上面沒有照片，一整排菜名也全是沒聽過的料理。他想詢問推薦的餐點，但店員忙進忙出地來回走動，看起來好像沒有空！

　　「嗯……」赤坂先生把菜單從上到下、反反覆覆看了好幾遍，卻只是不斷地喃喃自語。女方在一旁看不下去，想幫忙點餐，提議道：「隔壁桌的餐點看起來好像不錯，不然我們點跟他們一樣的。」心急如焚的赤坂先生卻充耳不聞。

　　桌上開始瀰漫沉重的氣氛，帶位的店員也頻頻看過來，一臉「還沒決定好嗎」的表情。赤坂先生決定，不能讓女方覺得自己是拖拖拉拉、優柔寡斷的男人，便舉起手招喚店員。

　　「請給我和隔壁桌客人一樣的餐點……」

　　雖然討厭自己看起來能力不足，但不能因為點餐而搞砸初次約會。

　　然而，店員的回覆卻猶如一擊重拳。

　　「很抱歉，本店這道人氣餐點，剛才賣出最後一份了。」

　　店員冷眼地看著說不出話的赤坂先生。

　　女方一臉無奈地抱怨：「剛剛我提議的時候點餐不就好了……」

　　赤坂先生被逼急了，眼睛一閉，指著菜單大聲點

著：「這個和這個各一份，啊，還有這道餐點。」

過了十五分鐘，三道餐點一齊上桌，兩人看了不禁愣住。竟然全是沙拉。赤坂先生依照推薦順序，從最推薦的餐點開始選，但其實只在沙拉類選出三道餐點。

或許因為兩人毫無交談，只是不斷將生菜送進口中，總覺得冷氣似乎比剛進店內時更冷了。「好像變冷了，不好意思，今晚我想早點回家。」女方看似心情不悅，赤坂先生也只能回覆：「那我送你到車站吧。」

赤坂先生進展不順利的原因

其實並沒有規定男性一定要處於領導地位，此外，與心儀女性初次聚餐，又由自己選擇餐廳，赤坂先生會感到焦慮也是很正常的。

那麼，他究竟犯了哪些錯誤呢？一開始，他並沒有做好事前調查。雖然他身處在初次到訪的大街上，如果打算邀請女方共進晚餐，即便沒有預約，也應該要事先查詢美食網站。進到店裡之後，也可以用手機查詢餐點的名稱，

大概了解前菜、主菜和主要食材有哪些。

但我認為，赤坂先生最大的失誤是錯過判斷和行動的時機。在他錯失判斷和行動的期間，周圍的環境與條件正在漸漸變化。我目前在處理的案例，也有不少都是發生相同的問題。

大家都有一樣的經驗吧！想在開會時發表意見，卻被其他人搶先一步。配合客戶的步調交涉，結果不知不覺陷入答應降價或追加服務的泥淖中。覺得目前的工作欠缺成長的空間，又不能下定決心，在延後轉職的期間喪失了一些機會。

事情發展至此的前提是，情勢早已經發生轉變，不論你之前多麼深思熟慮，都必須再次從頭思考，但要調整心態重新面對並不容易。

話說回來，我也懷疑，真的有所謂的深思熟慮嗎？說不定我們就像赤坂先生一樣，只是在猶豫不決和遲遲不動罷了。而且，這些全都是在無意識下決定了「現在不要決定，也不要行動」。

在現代，只有速度
才能產生最大的成果

為了避免猶豫不決和遲遲不動的情況，本書說明的 OODA 循環思考，能讓人比任何人更快速地決定、付諸行動，是世界最快的思考法。

那麼，為什麼一定要最快呢？

第一，**不快速行動的話，會慢慢失去選擇**。赤坂先生一直拿不定主意要選擇哪一家餐廳，最後不得不挑戰完全陌生的瑞典餐廳。點餐的時候，他也拖拖拉拉的，直到人氣餐點都賣完了。他在失去平常心的情況下點了滿桌冷盤沙拉，最終讓自己失態。

第二，**不快速行動的話，不能掌握主導權**。赤坂先生如果能掌握時機，詢問推薦餐點，就不會焦急得點了滿桌的沙拉，陷入窘境。雖說他體貼忙碌的店員，但也可能是擔心請店員過來，卻讓人在桌邊空等而造成麻煩。快速行動，先行一步，就可以在自己的地盤戰鬥。如此能增加行動的自信，也能領導女方，彼此更愉快地用餐。

第三，**若能快速行動，可以增加更多機會**。即使結果不盡人意，藉由失敗汲取許多經驗，調整修正，也能提高下次成功的機率。大家聽過「fail fast」嗎？直譯就是「快速失敗」。

在大型企業分析龐大數據、反覆開會的期間，新創業家雖然不夠成熟，但已經向全球展開新興事業和服務，在瞬間席捲市場。我們已經好幾次目睹了類似的實例。如今，在矽谷、以色列、深圳等地，不論是誰都在競爭速度和創新。因為價值數億美元的驚人創意，只要誰先實現，對其他人而言便隨即失去了原有的價值。

說實話，這樣的故事並非什麼新鮮事，近年來時有所聞。大家若有機會，也常說「要快點」吧！然而，事實擺在眼前，人們經常過了很久都沒有擬定計畫，只是在慢慢拖延，浪費時間。為什麼呢？因為他沒辦法順應狀況地伺機判斷和行動。

此處會讓人產生一個疑問：「只有速度才有價值嗎？」

以結論來看，幾乎沒有比速度更具價值的例子。為了可以因應任何環境並戰勝且存活，速度是必要的條件。好比俗話說：「巧遲不如拙速。」（白話翻譯為：結果好卻晚了一步，比不上結果不盡人意但快速。）要避免犯下錯失

良機而無法追回的過錯。

以求職活動為例，不論你製作出多完美的履歷表，只要沒有在期限內提出，就不能參加徵選。

避開致命性失敗，
且能最快速地執行

日常生活中，我們極少面臨生死抉擇所需的判斷和行動。上錯大學、進錯公司、錯過結婚時機、工作上發生失誤，都不會致命，還可以在事後補救，努力挽回。

話雖如此，大部分的人在漫漫人生中，一定會面臨絕對不能失敗的局面。決定公司命運的投資判斷、購買比年收入多好幾倍的物品、罹患重病時選擇的療法和醫院、災害來臨時的緊急避難方式等。只要出現性命攸關的事，將可能大大改變自己、身邊的人和往後的人生。正因為如此，一定要避開致命性的過失。

正確預估這些情況何時發生，是很困難的，但我們仍然可以事先準備。因應意外的環境變化，為戰勝且存活做好準備。

開發 OODA 循環思考法的約翰・博伊德，出身軍旅，卻具有研究家的性格，融會貫通古今及各國的文獻資料，創造出 OODA 循環，其中他從宮本武藏的《五輪書》得到最多體悟。若說 OODA 循環的起點是《五輪書》，一點也不誇大。

《五輪書》是劍豪宮本武藏傳授自身兵法的書籍，在那個以性命為賭注、劍下分勝負的世界，如果沒有經過十足的鍛鍊，在迎向「那一瞬間」時將難逃一死。為了戰勝且存活，就得在剎那間快速決定、快速行動。

《五輪書》不是武士道書籍，而是一本兵書，因此內容主要是：若要使用各種手段得勝，應該要有哪些行動。繼承這個流派的 OODA 循環思考法也提倡：為了不要失敗，須著重速度，從日常開始鍛鍊。

那麼，為什麼實踐 OODA 循環思考，就可以快速判斷和行動，達到成效呢？我為大家將原因整理成六大關鍵字，「框架思考」、「直觀」、「察覺」、「賦予意義」、「從成效出發」、「自主性」。以下將依序說明。

OODA 循環思考快速的六大原因

❶「框架思考」 > 明確決定該做的事

❷「直觀」的行動 > 中斷不需要的流程

❸「察覺」 > 不錯失關鍵與時機

❹「賦予意義」 > 不需探究行動的理由

❺「從成效出發」 > 不做任何沒有助益的事

❻「自主性」 > 不是別人，而是自己的最佳策略

OODA 循環是「框架思考」

　　OODA 循環是一種「框架思考」。因為框架思考可以「明確決定該做的事，不做多餘的事」（這和其他框架思考理論一樣），單就這一點，就可以提升思考的速度。

　　特別是當我們陷入苦思的時候，不論是別人或自己，對於事情都有許多難以分辨的地方。而且不論我們花了多少時間釐清思路，最後達到的成效可能與付出的時間不成比例。

　　OODA 循環框架思考，明確決定了現在該做什麼、何時行動，所以能加速思考。

快速的原因 ②
OODA 循環是「直觀」的行動

OODA 循環思考法快速的第二個原因是「直觀」的行動。

我們面對日常生活中大部分的事情時，通常都能立刻做決定並執行。即使每個人的性格不同，有人習慣一馬當先，有人喜歡猶豫不決，但是大家都會依照各自的步調，立刻決定、馬上行動。這個時候，就是我們腦中的「直觀」所產生的能力。雖然我們不會特別發現，也不會對此有所意識，甚至看起來像是突發奇想（這裡指直覺）。但其實背後已經經過冷靜的分析，或是無意識地邏輯思考，才會讓人在瞬間回應各種狀況。

「直觀」（intuition）和「直覺」（inspiration）的意思好像一樣，但其實有很大的差別。相對於直覺是靠感覺得出結論，直觀是「不經過推測，直接找出和想法一致的答案」。雖然兩者的確有相似的地方，也沒辦法完全區分，但直觀是瞬間冷靜的知覺，這一點和偏向情緒感知的直覺有很大的差異。

理化學研究所認知機能表現研究團隊表示，直觀與大腦基底核及扣帶皮層的區域息息相關。例如，專業將棋棋士可以先算出好幾步棋，然後走出最好的一步棋；資深會計師只要瞄一眼，就可以從表面無誤的帳簿或會計處理中，看出有沒有做假帳，這些都是因為直觀。

　　2005 年史蒂芬‧賈伯斯（Steven Paul Jobs）曾經來到史丹佛大學，向畢業生演說下面這一段話。

> 你們的時間有限，所以不要浪費時間活在別人的人生裡。不要被教條困住，不要活在別人思考的結論裡。不要讓旁人七嘴八舌的雜音淹沒了你內在的聲音。最重要的，要有聽從內心與直觀（intuition）的勇氣。你的內心與直觀早已知道你真正想要成為什麼樣的人。任何其他事物都是次要的。

　　日文常常將「intuition」翻譯成「直覺」，但我覺得這裡應該稱為「直觀」。

　　只要不斷累積經驗、學習新的知識，就可以擁有直觀的能力。專業滑雪家暨登山家三浦雄一郎，曾在受訪時提

到他在遭遇雪崩之際，是以直觀的行動才能倖免於難的親身經歷，並且表示這是經過反覆訓練才學到的能力。

OODA 循環思考是在有意識的情況下使用直觀。在反覆訓練之際，能讓一般人在面對更大的問題時，也可以適時運用直觀，例如求職或結婚等人生大事，也能即刻決定，付諸行動。

只靠邏輯思考，是無法生存的

—

決定重大事項時，許多人傾向以邏輯思考來制定決策。邏輯思考是商業人士必備的技能，不少人會閱讀大量書籍，自行學習。

但是，在學會了邏輯思考之後，應該沒有人經常實踐。一早心情不佳的夫妻之間要聊什麼？領帶要選素面的還是條紋的？尖峰時間要站在通勤電車的哪個位置？休假結束後信箱裡累積了一堆郵件，要先回哪一封？我們每天都需要連續不斷的判斷和行動。

不用多說，面對這些事時，我們不可能全用邏輯思考，這麼做也沒有意義。邏輯思考的基本流程是：掌握問題，以各種資料為基礎，篩選出選項，比較並檢討，得出解答。但是，做完這些冗長的步驟後，結果卻是：惹得對方更不高興、快要遲到了而得飛奔去車站、電車擁擠到只能站在門邊而被擠得亂七八糟。要是對每件事都運用 MECE 分析法（邏輯思考重要的框架思考，避免重複或遺漏。編注：MECE 為 Mutually Exclusive Collectively Exhaustive 的縮寫，意思是「相互獨立，完全窮盡」）來掌握問題的話，在當天中午之前，整個人就已經精疲力竭了。

快速的原因 ③
OODA 循環重視「察覺」

OODA 循環思考法快速的第三個原因是「察覺」。觀察眼前的情況，認清現實局面，然後快速且臨機應變地行動。除了用自己的雙眼觀察局勢的發展，還可以從他人的談話等，用各種手段蒐集情報，早一步掌握當下正在發生的事情。

像這樣的察覺技術，被稱為「情境知覺」（Situation Awareness）。這個概念源自於軍事領域，近幾年在航太飛行與車輛自動運行等領域也持續研究中。前美國空軍研究學家米卡・恩茲利（Mica Endsley），將情境知覺分成以下三個層次。

1 知覺：發生什麼事？這是正常或異常？預期之中還是預料之外？

2 理解：為什麼會發生？應該怎麼理解？

3 預測：接下來可能的發展為何？應該要做什麼？

我們會在無意識中做出上述步驟，判斷各種情況，採取行動，卻不能經常對此有所察覺。大家有聽過「雞尾酒會效應」嗎？在人潮眾多、環境吵雜時，仍然可以自然地聽到談話對象的聲音，這源於大腦運作的結果，能夠選擇性看到、聽到自己所需的內容。

只看到想看到的，只聽到想聽到的，在理解之後成為行動的基礎，那麼後續的結果會如何，應該可以想見。在戰場上，是用清明的視野觀察眼前的現狀，客觀理解後再一較生死。同樣地，OODA 循環思考法也強調以清明的視野，觀察眼前的現狀，客觀理解。

關於「觀察」的方法，不要受限於既定概念，我們將會在下一個章節「觀察」中詳細說明。

快速的原因 ④
OODA 循環會「賦予意義」

OODA 循環思考法快速的第四個原因是「賦予意義」。賦予意義是指，對於意料之外和不確定性高的事物，評估並理解眼前所見及蒐集的資訊，再內化成自己的知識，進而行動的過程，這在心理學領域的研究中稱為「意義建構」（sensemaking）。OODA 循環的「理解」和「行動」流程，相當於意義建構。

大家有過這樣的經驗嗎？遭逢出乎意料的突發事件，腦海一片空白，呆若木雞。像是你考慮結婚的對象，突然說要保持距離。你原以為兩人心意相通，因此受到很大的衝擊，久久無法反應過來。你完全不能思考，沒有任何行動，在時間流逝中，也與對方漸漸拉開距離，最終淪落到難以挽回的地步。

究竟是從哪裡開始出錯的呢？第一，缺乏情境知覺（察覺）。事有徵兆，你卻未曾發現。第二個失敗的點，是對於「保持距離」這句出乎意料的話，除了驚訝以外，你沒有任何回應作為。你應該要推測，對方經歷了什麼事，以至

於有這樣的想法，還要進一步預估今後可能的發展變化，適時採取行動，而非兩手一攤，放任情勢惡化。不能意義建構（賦予意義），就無法採取相對應的行動。

「賦予意義」的重點在於：符合常理，具一貫性，有條理，正確性為其次。若是觀察入微卻猶豫不前，只是在浪費時間。希望大家理解一件事：追求正確性得付出更高的代價。

組織心理學家卡爾・韋克（Karl E. Weick）讓意義建構理論廣為人知，他曾經表示，比起正確性，應該以「合理性」為優先考量。

在未完成的階段，開放用戶使用測試版，視回饋來改善並修正，再銷售正式版，是資訊科技創業家提供服務的常見手法。經由用戶熱心協助回饋、提供意見，再發行正式版，這樣符合常理又賦予意義的判斷，比起經營高層的許可等公司決定，才是更應該優先考量的做法。

掌握三個「先機」，才能立於不敗之地

《五輪書》中的〈火之卷〉，教授了「三個先機」的相關內容。這裡提到的「先」，是指優於敵方的先機，宮本武藏舉出以下三個例子。

搶攻的先機：我方先搶攻時，要靜待觀察，伺機搶攻。

禦敵的先機：敵方先搶攻時，要牽制對方，掌握時間，奪回先機。

對峙的先機：相互進攻時，要觀察敵方的反應，贏得勝利。

> 書中還寫到，「三個先機隨著時間，依照情理調整，不一定每次都要由我方搶先攻擊，若是相同的情況，可由我方搶先行動來引誘敵方動作。」
>
> 【原文】「三先」其一，為吾先於敵，謂之「懸之先」。其二，為敵先於吾，謂之「待之先」。其三，為吾動敵亦動，謂之「體體之先」。此乃三先也。（中略）
>
> 此三先，隨時依理，非次次皆吾先，若情勢相同，亦可吾動引敵動。

總結來說，建議的戰略是：快速洞悉情勢，每一次都伺機而動。

快速的原因 ⑤
OODA 循環「從成效出發」

先確定自己期望什麼樣的結果,確認目標為何,只考量有助於達成目標的要素並行動。換句話說,OODA 循環不做任何無效的行為。徹底省去無謂的行動和時間,以目標為導向,直線前進。以成效為優先,集中焦點,快速做出成效。這樣從成效出發的行為,正是 OODA 循環思考法快速的第五個原因。

OODA 循環不論思考、行動,都抱著達成目標的意識前進。因此,除了常態性的快速行動,有時還會依察覺、意義建構的結果,判斷現在是否為行動的時機,是否做了無謂的行動,而決定停止一切行為。

關於這一點,宮本武藏用「節奏」來強調時機的重要性。意思是關鍵在於時機,必須能快速判斷不需要做的事。

首先,了解並配合敵方的節奏,辨別不同的節奏,從節奏的快慢輕重,清楚合拍的節奏,掌握間隔的節奏,兵法最重要的是,了解敵方相反的節奏。

【原文】首先，知且合乎敵之節，辨節有異，依節遲速輕重，知合之節，知間之節，兵法貴在，知敵反之節。

快速的原因 ⑥
OODA 循環具有「自主性」

　　OODA 循環思考法快速的第六個原因，是自己決定、自己行動。「直觀」、「察覺」、「賦予意義」、「從成效出發」、「自主性」全都關乎自身，而不是受命達成目標，不是為了組織而行動，所以可以實實在在地全力以赴，快速達成目標。

　　俄羅斯選手娜塔莉婭・伊什琴科曾獲得奧運水上芭蕾（當時稱同步游泳）五面金牌，在當選手時，她以一般人從未想過的方式，透過從脾臟供給氧氣，長時間在水中展現激烈的表演。她從孩提時代起，就日復一日地在泳池裡倒立屏息運動，長期下來脾臟變得發達。但是，其他一起練習的俄羅斯選手，卻不能擁有相同的能力。實際上，與伊什琴科搭配演出的選手斯韋特蘭娜・羅馬絲娜，也沒能擁有像她一樣的脾臟功能。

田中 Oulevey 京和筒井香曾在 NHK 電視節目《身體奇蹟》中，分析這兩人的差距，指出關鍵在於自我決定力。一開始是在父母的建議下參加競賽，之後為了國家而戰，這是兩人共同的動機。但是，相對於羅馬絲娜停滯於「戰勝其他選手」的境界，伊什琴科卻到達了「挑戰自我可能性」的境界，普遍認為是她自身由內而外湧現的熱情，改變了身體，把不可能化為可能。

　　一般人雖然不像超級運動員那般能影響到身體機能，但只要是對於發自內心想做的事，都會努力奮發。大家應該有這樣的經驗，聽從父母的話開始學習，最終演變為三天打魚，兩天曬網，只有自己期望的事才能長久持續下去。這就是所謂的「內在動機」，不會受到因活動獲取報酬或不做將受到懲罰等因素的左右，自由沉浸於自動自發的樂趣中，不但能提升活動品質，還增強續航力。

　　使用 OODA 循環思考法，最能促使自身由內而外湧現期望。這樣的想法越強烈，越能提升思考和行動的速度。

　　那麼，要是不清楚自己想做的事或想成為什麼樣的人，就不需要使用 OODA 循環思考法囉？當然不是。OODA 循環思考法具有的能力，能夠改變日常的每一天，讓你不會產生「認真埋頭工作卻得不到相應的結果」、「只要一抬

頭就發現自己老是落後」等想法。至今，我已經向眾多企業團體及其員工，傳遞了 OODA 循環思考法的實踐方法，對此深信不已。大家不要想得太難，先試試看吧！

　　下一章，將向各位介紹 OODA 循環概要和五大流程，並且解說「觀察」、「理解」、「決定」、「行動」、「調整」，每個流程該做哪些具體事項，以及它們與一般的觀察、情勢判斷、決定、行動有什麼差別。雖然大家不知道這個理論，但都曾在日常中運用到類似 OODA 循環的思考法。只要先有這個概念，再接著往下讀，你將感到似曾相識。

OODA 循環思考法改寫全球軍事理論

為何多國聯軍在短短五日內就取得勝利？

—

1991 年波斯灣戰爭爆發，以美軍為核心的多國聯軍，開始發動地面攻擊，才短短三天，就已經從伊拉克手中奪回科威特。總統喬治‧布希（George Herbert Walker Bush，老布希）在第五天宣布停戰，已經獲得勝利。當初預估戰爭會演變為長期戰，為何在這麼短的時間內能夠結束戰爭？其中一個原因是 OODA 循環思考法。他們以壓倒性的速度，連續性的機動攻擊，讓伊拉克軍隊不得不放棄有組織的戰鬥。

優秀的戰鬥機飛行員約翰‧博伊德，從韓戰空戰經驗中，獲得 OODA 循環思考法的基本構想。儘管美方軍隊的 F-86 戰鬥機，在速度和火力方面，都遠遠比不上蘇聯敵軍的 MIG-15，卻擁有高出敵機十倍以上的擊落率。

美方在分析之後，為了確保飛行員有寬闊的視野，設立了控制室，透過飛行控制系統和引擎特性，知道迅速轉向可取得更多射擊機會。MIG-15 的飛行員無法對應 F-86 的機動戰，每次遭受攻擊後就陷入混亂，一如宮本武藏所說的「完全擊潰」，落入喪失作戰意識的狀態。

博伊德從這次的實戰經驗，將戰鬥機的機動能力和動

力（由引擎推力、阻力、速度、機體重量而決定）的關係數值模型化，在 1962 年完成了動力機動性理論。F-86 在性能方面完全比不上 MIG-15，為何可以取得壓倒性的勝利呢？他將由此研究而得到的「速度與彈性理論」，加以發展後成為 OODA 循環理論。

觀察（Observe）自己本身、敵方、周圍環境，掌握狀況（理解，Orient），決定（Decide），發起戰鬥行動（Act）。隨著結果與情勢變化，再次觀察，重新調整（Loop）。博伊德還認為，加快 OODA 循環思考，越能適時反覆操作，對戰況越有利。

相反的，如果自身不能時時了解情勢的轉變，OODA 循環思考停滯不動，將陷入一片慌亂。在波斯灣戰爭中，從科威特戰敗撤退的伊拉克軍隊，可視為典型的例子。

在 OODA 循環理論誕生的前後，全球軍事理論有很大的改變。北大西洋公約組織（NATO）等，世界各國從以消耗戰為主的戰爭，轉換為以機動戰和心理戰為主的戰爭，這可謂歷史上的一大轉變。

今日，俄羅斯和中國，或恐怖組織，也採用了 OODA 循環思考。而且，除了實際戰爭之外，網路安全領域也採用 OODA 循環思考。

約翰‧博伊德為之傾倒的《五輪書》兵法思想

建構宮本武藏的樣貌

—

　　就算沒讀過《五輪書》，應該有不少人知道井上雄彥的漫畫《浪人劍客》(バガボンド)，還有吉川英治的原著小說《宮本武藏》吧！不論哪一種，都是長久以來受到大眾喜愛的傑出作品。但這些只不過是故事，未必能真實展現出宮本武藏的樣貌。

　　這位一生浪跡天涯的劍豪，與知名的佐佐木小次郎在巖流島決鬥，從此之後的人生裡從來沒有輸過。這是一般人對宮本武藏的印象。實際上，熊本藩主細川忠利曾邀宮本武藏作客，指導自己劍術，討論書畫，並且與禪僧和儒家學者交流，因此，宮本武藏的人生並不只熱中於戰鬥。

　　這樣的宮本武藏在壯年時寫了一本著作，正是約翰‧博伊德為之傾倒的《五輪書》。他為了讓武士領會「兵法之道」，提出以自身經驗為基礎的學說，極具實踐性又合理地展示了確實得勝並成為優秀人才的道路。事實上，這本書並沒有出現「忠義」和「切腹」等內容，與現今一般認知的武士道截然不同。

討厭權威與形式的「兵法之道」

—

《五輪書》書寫於江戶時代初期，當時的武士道提倡以下幾點：

- 負起一家之主的職責，挺身而出，捍衛家族。
- 以自己的想法行動，著重責任感與禮儀。
- 如果覺得不合理，即使對手地位較高，依舊與之戰鬥。
- 具有公家意識，不做辱沒名聲之事（愛惜名聲）。

摒棄形式主義、威權主義、完美主義，尊崇樸素、純樸、樸實。這些都與《五輪書》的內容相契合，一點也不認同對君主絕對效忠，犧牲奉獻的武士道形象。後來，由於江戶幕府和明治政府利用當時的權力，武士道才發生變質。

「武士道」一詞廣泛使用於明治時代，源自於 1900 年出版的新渡戶稻造《武士道》。他為了向擁有基督教價值觀和文化的西方先進各國，訴說理想的日本人論，以英文書寫並且在美國出版。

新渡戶在《武士道》一書中，以武士（江戶時代以後）著重的價值，說明了義、勇、仁、禮、誠、名譽、忠義等道德項目。其中，與過往的武士道（兵法之道）相比，傳達上最大的不同之處在於「名譽」和「忠義」。

結果，過於重視家族名譽，美化了應該引以為戒的切腹行為（自盡），也過於強調主從之間的絕對效忠與節操。

這已經大大偏離了《五輪書》中的武士道。

武士道的起點《五輪書》，給予博伊德很大的影響，讓他知道不應該受限於框架與形式理論，要完全掌握現狀，取得先機，適應狀況。這絕對不限於性命攸關的事，也適用於我們的人生與日常生活。

博伊德是宮本武藏的粉絲

美國空軍大學的教授格蘭特·哈蒙德（Grant T Hammond）在所編著的博伊德理論集大成之書《關於勝負的對談》（*A Discourse on Winning and Losing*）中，提到博伊德的理論建構，是以宮本武藏的見解為基礎，再加上孫子、李德·哈特（Liddell Hart）、卡爾·馮·克勞塞維茲（Carl Von Clausewitz）等人的學說。

博伊德在 1986 年到 1991 年的講義資料「衝突的模式」（Patterns of Conflict）中，首次在參考文獻中列出了宮本武藏的《五輪書》。之後，格蘭特·哈蒙德與博伊德的同事切特·理查茲（Chet Richards）認為，博伊德的理論完成至 OODA 循環思考，受到宮本武藏很大的影響。若單靠克勞塞維茲的西洋戰略理論和孫子兵法，OODA 循環思考並不完整，而是藉由宮本武藏的日本兵法哲學，才得以完成。

記者暨作家羅伯特·科拉姆（Robert Coram）在博伊德的長篇傳記中，舉例說明戰鬥機飛行員約翰·博伊德

與劍豪宮本武藏的共通點，同時指出宮本武藏的《五輪書》與博伊德的 OODA 循環思考理論的廣泛相似性。他還介紹了博伊德熱中熟讀《五輪書》，受「五」的影響，以 O、O、D、A 加上「循環」（Loop，編注：在本思考法中解釋為「調整」），構成「OODA 循環」五個項目的趣事。

博伊德愛看的書籍，還包括東方兵法暨宗教研究家作家湯瑪斯・克利里（Thomas Cleary）的《日本兵法》（*Japanese Art of War*）。這本書除了介紹宮本武藏的《五輪書》，還詳細探討了武士道和其背景的禪宗思想。

從博伊德閱讀的書籍著作，可以窺知 OODA 循環是以《五輪書》等日本兵法為骨架。針對只靠博伊德留下來的學說無法完整說明的部分，若以《五輪書》為基礎繼續閱讀，將會更清楚。因此，本書盡量呼應這兩者，合併介紹說明。

1

最快思考法的概要

OODA 循環是「最常見的」思考流程

我在序章曾經說明，現在我們身處於變化多端的時代，周遭狀況與先決條件瞬息萬變，令人難以招架，為了適應生存，「速度」成為戰勝的要件，因此，OODA 循環正符合現今時代所需，是最快速的思考法。在這個章節中，我們將接著解說構成 OODA 循環的五大流程：觀察、理解、決定、行動、調整，並說明每個流程中能夠實踐快速思考的關鍵要點。

任何人都會針對所見，在理解及判斷後行動，再查看結果。換句話說，**「觀察、理解、決定、行動、調整」這段基本流程，本質上沒有任何特別之處。**

反過來說，這是每個人都在做的一般流程，所以無法讓人聯想到它具有多快的思考速度。為了加快速度，我們必須有意識地精簡習以為常的流程，才能使自身的判斷與行動，提升至前所未有的速度，同時防止致命的失誤，促使目標實現。

接下來，我將詳細說明意識的對象與做法，在這裡先

提出結論，關鍵在於「捷徑」。所謂的捷徑，是在了解五
大流程構成的基本模式下，視情況省略其中幾項步驟。

OODA 循環思考與一般思考流程幾乎相同

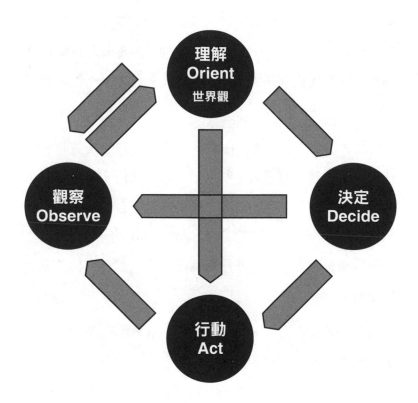

速度的祕密在於捷徑

就邏輯思考法而言，必須整理問題且條理分明，禁止省略步驟的捷徑。

例如：企業在投資新事業時，通常需要精算已經投入的資金能否在一定的期間內回收，再制定決策。此時，要與其他投資案進行比較，利用邏輯思考的路徑，考慮各種影響資金回收的要素，並且篩選、列出、細分及拆解各項要素之間有何相互關係和因果關聯，最後再進行比較和選擇。

大家通常都會認為，在決定往後大方向的投資時，這樣的過程的確具有意義，所以無法省略任何一個步驟。然而，實際上又是如何呢？令人意外的是，有許多案例並非如此。最好的例子，是空中巨無霸波音 747 的開發投資案。波音公司曾經獨占了全球民航機的業界，是一家相當成功的企業。

時任總裁的比爾‧艾倫（Bill Allen）曾經提到，自己決定投資及成功開發的精神要點，在於「吃飯、呼吸，甚至睡覺時，無不在思考飛機」。的確，當他想詢問相關投資能否回收的根據時，似乎沒有任何一位董事能夠回答。

這不禁讓人驚訝，這項足以撼動公司存續的重要決策，竟然捨去了邏輯分析，更沒有嚴謹的計畫，就決定執行了。其實，歷史上知名的企業家往往都是靠著大膽的思維行動，取得難以想像的巨大成功，而他們紛紛表示自己的依據是源於「直觀」。

　　波音公司賭上未來的開發投資案，不論規模或影響層面，都遠遠超乎了日常生活的決策，然而，我們在日常生活中，也經常有「先回應對方之後，再解釋此回應行動的理由」之類的經驗。

　　例如，下班時，突然有人邀約，「等會兒一起去喝一杯吧？」這時，如果對方是難相處的前輩，我們會反射性找藉口拒絕，如果是自己敬重的主管，則會無條件答應。你我對於這樣的回應模式應該不陌生吧！

　　在內心評估各種赴約（拒絕）的結果（白白浪費時間在無聊的對話中、在主管面前自我表現的絕佳機會……），得出結論，再從眾多藉口中，挑選最適合拒絕的理由，應該花不了多少時間。然而，如果你回覆的速度較緩慢，不論拒絕與否，難免都會讓對方心生不好的聯想。像這類講求速度的場面，OODA 循環思考也能讓你從容應對。

　　很多時候，OODA 循環思考並非以「觀察、理解、決

定、行動、調整」的完整流程來運作，而是利用捷徑模式，例如：「即使不觀察，也能理解」、「未經決定，就直接行動」，來因應現況與問題，所以才會快速。

我們先不論面對難相處的前輩邀約，能夠瞬間完美拒絕的做法是否理想，但為了在公司維持良好關係，這的確是必要的求生技巧。為了因應許多場合，OODA 循環思考法能讓你學到更多這類「此時此刻的相應之道」。接著，我將先詳細說明 OODA 循環思考基本的五大流程。

觀察（Observe）

OODA 循環思考的第一個「O」，是指 Observe（觀察），這包括「觀看」的意思，指「看到」眼前事物的同時，有意識地掌握周遭環境與對方的內心狀態等。

序章中曾經介紹察覺的技術「情境知覺」，以及「看到」與「察覺」之間有著天壤之別。為了察覺，需要有意識、敏銳地「觀看」。這是 OODA 循環思考的開端。

人類除了閉上眼睛之外，經常睜眼見物，可能從沒想

過要認真且有意識地「觀察」。但是，OODA 循環思考法強調，在「看見」的同時，為了如實掌握現況，須著重有意識地「觀看」。不過，為了如實掌握現況，必須排除主觀想法，完全客觀，這一點沒有想像中簡單。

　　我們經常在車站月臺上看到站員的確認手勢，這可視為一種「有意識觀看」的必要動作。電車進站的位置是否正確、車門開關警示燈有無顯示、月臺上是否有異物等，一邊用手勢表示應該核對的項目，一邊大聲說出「確認」。不論指示手冊多麼完整、平日接受多少訓練、每天重複多少回，仍會因為種種因素而忽略絕對不可發生的人為疏漏。這種能避免疏漏執行的手勢核對法，近幾年來在海外也開始討論其效用。

　　一般而言，所見現況是否「屬實」，似乎並非嚴重的大問題。但面對突發狀況時，必須避免發生未能察覺重要變化的情況。

　　這是大相撲力士巡演時發生的事件。市長在土俵致詞時突然倒下，剛好有一名女性醫護人員在現場，急忙跑上土俵協助急救。然而，現場裁判見狀，卻廣播要求「請女性人員離開土俵」，讓場內民眾一片譁然。裁判為了維護相撲競技場「女性禁入」的傳統原則，無法「如實」接受

眼前發生的現況。多虧女性醫護人員不理會廣播的要求，持續急救，才救回市長的性命。這件事充分反映出，「執念」與「既定觀念」會讓我們做出多麼違反常理的行為。

在內心著迷某項事物時，若是面對毫不關心的事物，

宮本武藏的兩個「觀察」

宮本武藏的《五輪書》中談到，在進行這種觀察周遭、掌握狀況的「觀察（見解）」時，人的視線不能只落在細節與表象的動向，應該將表象弱化為「看見」。再者，另一種「觀察」是指在眼前所見的現象之外，還能看穿表象、洞悉本質，並強調其重要性。藉由「觀察」，由遠拉近、由近推遠來觀看，就可以讓人察覺到整體趨勢與潮流的變化。

> 看事物的方法，需擴大觀看的視野，包含兩種「視角」，加強「觀察的視角」，弱化「看見的視角」，如同近看般觀遠方，如同遠望般看近處，這是絕不可少的兵法之道。
>
> 【原文】眼見事物，需擴及八方，分為觀與見二者，觀之目需強，見之目需弱，見遠處如近觀，見近處如遠望，此乃兵法之要。

我們經常無法察覺眼前的事物與現象。不僅如此，還會將眼前的事實解釋為對自己有利的情況。大家只要在知曉這一點的前提下，有意識地「觀察」，就能大大改變解讀事物的能力。

現實世界的各種「觀察」

我經常在從優秀漸漸步入衰退的公司中，親眼目睹一種現象。有人覺得在公司和目前的工作上已經沒有發展的可能性，但是業績還可以，繼續待著也不壞，所以暫緩轉職的決定。從對自己有利的視角看待現實，導致在這段期間失去了轉職的機會。突然間抬頭一看，才發現有能力的人才都出走了，身邊盡是缺乏幹勁和實力的員工。

若是他冷靜看待現實，應該可以看出核心事業不再具有發展性，或是他持有一味降低成本也無法填補新事業的投資。或許他是因為過於執著的信念，或是因為情勢對自己不利，出於逃避現實的心理，才會無法察覺這些連外人都知道的事實。

為了早一步開始行動，我們必須仔細觀察周邊人們的態度、言行，以及發生在眼前的事物。這個時候，絕不能

只依賴視覺。重要的是，除了視覺之外，我們還要充分動用聽覺、嗅覺，如實觀察現況。一如戰鬥機飛行員，除了雷達等各種評估情資之外，還要高度集中精神，藉由風向、雲勢、氣流等來了解情勢，再採取行動。

特別是人的真心，會明顯展露在聲調、表情和動作上，我們不可能單從對方口中發表的言論，就得知他的真心實意。所以，我們才應該集中意識，與之周旋，但大家是否經常不知不覺地過於熱中發言，無視對方發出的信號呢？

我們至今進行了許多企業組織的 OODA 循環研修與導入協助，有很好的例子能說明，「觀察」能力的差異將大大影響了最終的結果。煩惱業績無法成長的業務人員，總一味強調自家公司的產品與服務，完全沒有顧慮到銷售對象與競爭廠商的態度。相反的，業績佳的業務人員，為了探知對方的心理，總會專注地觀察和傾聽。

理解（Orient）

OODA 循環的第二個「O」，是指 Orient。若查詢字典，得到的解釋為「指出方向，正確判斷」。不過，OODA 的 Orient，在美國的詞彙解釋為 understand（理解）。因此，本書將 Orient 解釋為「理解」，也就是對於所見和所察覺的事物，依自己的理解來消化。這是 OODA 循環中最重要的流程。

我們對於所見，會對照自己擁有的世界觀來解釋並內化。將所見與世界觀整合後，才得以理解，也就是「知道」的過程。

舉例來說，午後，你在銀座四丁目十字路口時，與散步的貓咪擦身而過，你會有什麼反應？或許會莞爾一笑地想著：「這隻貓能在都市生存，真不簡單」。

但是，如果換成獅子呢？你會如何反應？首先，不該出現的野生動物大剌剌地走在市中心，已經令人感到不可思議，接著你會思考，難道有人身穿動物裝上街？等你聽到尖銳利爪摩擦柏油路的聲音，聞到隨風飄來的動物氣

味，才終於發現牠是一頭真獅子而震驚不已，完全不知所措。大部分人的反應多為如此，若是這樣，就無法快速判斷和行動了。

故事背景中，有著我們對於貓、銀座和獅子的理解。午後時分，貓咪漫步於銀座的身影雖然少見，但算不上有違常理。在日本，獅子只飼養在動物園裡。這正是我們一般對於貓、銀座和獅子的「既有定義」。在這樣的認知當中，要讓自己對現實有正確的認識，有一定的難度。

對「〇〇既有定義」的認知與見解，也就是我所謂的世界觀。任何人就算對貓、銀座和獅子沒有概念想法，對於人生和工作，一定都擁有自己的看法。生存的定義、工作的目的、透過工作產生的價值，這些人生觀、工作觀，總稱為世界觀。

其他還包括：生死觀、社會觀、戀愛觀、結婚觀、政治觀、金錢觀等意識，無須贅言，許多人擁有各種觀點。有孩子的人有育兒觀和教育觀，經營事業的人有經營觀和事業觀。這些全部涵蓋在世界觀中。

「理解」和「世界觀」

世界觀是 OODA 循環最重要的概念。提倡者約翰・博伊德也敘述自己在 OODA 循環流程裡，以「理解」（Orient）為中心，建構出世界觀（View of the World）。

每個人擁有不同的世界觀，所以對於相同的現象會有不同的見解。而這些不同之處，造成了判斷與行動的差異。這意味著，**OODA 循環不僅是聚焦於「判斷對象」的客觀思考法，還會同時理解「對於對象和其背景的認知（世界觀）」，可說是一種自主思考法。**

有些業務人員所負責的客戶，老是委託不合理的訂單。如果當事者工作的目的，是為了獲得他人的好評而晉升，就會想盡辦法避開負責麻煩的客戶，以求有效提升好成績。這個辦法無關好壞，不過是一種世界觀。

另一方面，有一種想法是由衷相信自己提供的服務之價值，不論客戶有多少，希望讓更多客戶得到這項服務，以實現幸福美好的社會。如果是這樣的人，就會想方設法了解客戶的心意，期望解決他們的不滿與不安。像這樣，即使面對同樣的現實，每個人都會因為工作觀和人生觀的差異，而以截然不同的態度回應客戶。

談到世界觀，或許會讓人覺得這是一種很崇高的概念，但事實絕非如此。然而，世界觀既然是 OODA 循環思考的骨幹，有一項絕對不可少的要點，那就是一定要注入自身的夢想與理想。

OODA 循環是朝心之所向、憧憬之夢，毫無懸念地直線前行的思考法。這個時候，世界觀這條軸心必須夠結實、夠長遠、夠穩健，才能讓人意志堅定地快速轉化為行動。

回到前面提到的赤坂先生在瑞典餐廳失態的例子，他當前的想法是「現在要成功點餐」，談不上是世界觀。符合本思考法的世界觀是：這次行動的目標，以及期望行動衍生的理想表現，例如，「希望與她開心共度初次約會」、「希望未來與她共度美好時光」等。

所以，世界觀不需要多崇高遠大，但仍需有一定的理想與抱負。因為可以快速實現的小目標，無法成為毫不動搖的行動軸心。關於如何擁有宏大的世界觀，我們會在第 3 章深入探討，不過其中一個方法是，盡可能將目光放得長遠。

例如，你剛擔任餐會幹事，與其將當前的目標設定為「滿意度極高的餐會」，倒不如將最終目標設定為「提高參與者的滿意度，維持更長久且緊密的友好關係」，更符合 OODA 循環思考法的世界觀。

不需完美理解。快速行動，一失敗就盡快修正。

OODA 循環思考將「速度」置於一切之上。在「理解」的流程中，也以瞬間「自我理解並內化」所見為優先，視情況所需，沒必要完美地正確掌握。

其實，沒有人可以完全客觀地理解現實。數學家庫爾特‧哥德爾（Kurt Gödel）和物理學家維爾納‧海森堡（Werner Heisenberg）等人已經證明這一點，成為科學印證的事實。約翰‧博伊德也說過以下的論點。

「我們無法從體系（system）中，分辨體系的特點與性質。越想分辨，越會造成混亂與失序，原因是『現實世界』也是環境的一部分。」

關於他的詳細見解，本書暫且擱置不談，在後續的專欄中，將介紹哥德爾的看法。

就連對身邊最親近的家人，我們都無法參透其內心了，所以最重要的是推測和「觀察」。

當然，理解錯誤是常有的事，不過，這仍然比什麼都不知道就不行動要來得好。先行動看看（嘗試），有錯誤就快速修正，這是 OODA 循環的運作方法，請大家放心。

正因為這樣的運作方式，才使得 OODA 循環風行於矽

谷創業家之間。服務或產品的完成度較不重要，而是比任何人更快速地創造市場、獲得客戶、印證自己的想法和假說是否正確，才能親身了解應該修正的地方。

臉書（Facebook）和谷歌（Google）等公司，大多先「理解」，再實踐並驗證，才取得如今領先他人的地位。相對於此，許多企業執著於正確的「理解」，在進行詳細調查與縝密規畫的漫長過程中，早已被他人遠遠拋諸身後了。

哥德爾不完備定理

—

根據哥德爾不完備定理，獨立邏輯知識系統（體系），無法在系統內完全證明可能的主張。此定理說明如下。

假設有一套會複述真理的 AI 系統。這套 AI 系統在聽到正確的發言，即聽到真理的時候，會複述這個真理，如果內容有誤，就會沉默。

首先，我先說一句真理。

我：「1+1=2」

AI 系統：「1+1=2」

這句話是真理，AI 系統跟著複述。

接著，這一句不是真理。

我：「1+1=3」

AI 系統：「……」

這一句不是真理，AI 系統保持沉默，不會複述。

再來是另一句真理。

我：「我不會說 1+1=3。」

AI 系統：「我不會說 1+1=3。」

這一句是真理，AI 系統跟著複述。

然後又是一句真理。

我：「我不會說兩次『我不會說 1+1=3』。」

AI 系統：「我不會說兩次『我不會說 1+1=3』。」

這一句是真理，AI 系統跟著複述。

接下來，如果說了以下的真理，AI 系統將如何反應？

　我：「我不會說兩次『我不會說 1+1=3』、我不會說兩次『我不會說 1+1=3』。」

這樣的說法會使 AI 系統因邏輯矛盾，而產生了破綻。

　　也就是說，如果 AI 系統跟著複述，就會發生重複說兩次「我不會說 1+1=3」的矛盾，因為明明說了「我不會說兩次」，卻說了兩次。

　　另外，如果 AI 系統保持沉默，就表示「我不會說兩次『我不會說 1+1=3』」的真理是錯的，也會招致矛盾。

　　哥德爾的不完備定理，是由數學家庫爾特・哥德爾於 1930 年證明並提出。哥德爾從數學證明了：「數學理論是不完備，也絕不可能完備。無法證明數學不存在矛盾。」

　　從以上所舉的矛盾現象可知，我們不可能全盤理解自身所處的環境，真正需要的是在不全然認識的情況下，擁有「積極理解」的勇氣。

決定（Decide）

在觀察、理解之後，接下來的流程是，判斷該採取的行動（或完全不行動），也就是 OODA 循環的 D，「決定」。

我們每天需判斷的事項數量龐大，例如：為了準時到達目的地而選擇路線；午餐時間想吃的餐點；日期相撞的行程，要以何者為先。如果你認為，每個人在做以上判斷時，會從各種選擇中挑選可得出最好結果的選項，可就大錯特錯了。大多數的情況下，大家在這些時刻應該會隨心情而不自覺地下決定，沒有任何重要的依據。

順帶說明，「決策」一般是指列出並比較多種選項，找出其中最佳答案的分析方法。這是商業人士的主流方式。當然，如果時間充裕，用這種方式來判斷也很好。

但是，著重速度的 OODA 循環思考，基本上不走決策路線，而是盡可能以直觀為基礎來判斷。這才是 OODA 循環「決定」的基石。

請參考第 69 頁的圖示。

如果你可以「理解」現在的狀況，了解這是一般情況下會發生的事件，就直觀做決定。（基本上，為了盡可能使用這種決定方式，平日必須努力擴展世界觀）。

如果狀況是「不知道發生什麼事」，就重新好好觀察（O）。接著，「如果時間允許」，就篩選選項，比較分析後再決定。「如果時間不允許」，就只能仔細觀察，在有限的時間內，充分發揮自身的世界觀，努力理解，直觀決定。這就是 OODA 循環的「決定（D）」。

如果已經沒有時間了，還一一篩選出選項，採用比較分析的決策方式，將失去 OODA 循環思考的意義。另一方面，雖說沒有時間，仍必須避免「需採取行動卻放棄行動」，或「執行毫無根據的發想」的情況。為了直觀決定，世界觀必不可少，我們將在第 3、4 章詳細說明打造及更新世界觀的方法。

運用無意識的直觀判斷

宮本武藏在《五輪書》中，用「無念無相攻擊」這句話，來說明無意識有多麼重要。敵我雙方同時想出擊時，就要心無雜念，身心皆呈現攻擊姿勢地自然出擊。這就是

OODA 循環的決定（D）之方法

瞬間理解時

發生的事件符合
手中模式時

無法瞬間理解

發生的事件不符合
手中模式時

重組模式，如果套用後
可符合時：

直觀行動

依照模式直觀行動

不知道可以重組哪些
模式來套用時：

**嘗試（驗證）自己
的想法（假設）**

★盡量活用這種形式

★僅在時間允許時使用

盡量篩選手中的
模式選項，
比較分析後，
決定（決策）行動

無念無相攻擊，感覺上類似運動員所說的「最佳狀態」。

> 「無念無相攻擊」是指，敵方打算出手，自己也打
> 算出手的時候，身體呈現戰鬥姿勢，內心也做好戰
> 鬥準備，不知不覺間就不加思索地出手了，給對方
> 強力的一擊，這是一種很重要的攻擊。
>
> 【原文】敵方欲攻擊，我方亦欲攻擊之際，身為攻擊身，心為
> 攻擊心，行於思前，不覺予以重擊，此乃「無念無相」，攻
> 擊之關鍵。

　　像這樣無意識的出手，正確判斷行動，所憑靠的是正
直觀。

　　有玩格鬥遊戲的人一定了解，頂級玩家能在僅僅一幀
速（六十分之一秒）內，看透對方的招式，決定要攻擊、
防禦或迴避，來控制自己的遊戲角色。如果時時考慮盤算，
就無法操控得如此敏捷。

　　不斷地玩遊戲，取得資訊，練就經驗，累積「此時此
刻的相應之道」的模式。然後，腦中就會無意識地將現況
與模式配對，所以有可能做出反射性的行動。

當然，如果手中的模式不符合現狀，就無法產生上述的反射行動，也可能面臨失敗。因此，我們必須多多增加手中的模式，模式越多，直觀越可行。

人類的直觀能力和意志

人類並非天生就具備直觀的能力。例如，嬰兒剛開始一站立隨即跌坐，經過日復一日學習保持平衡、行走方法，才終於能穩定控制腳步來行走。這也是一種直觀的行為。人類透過經驗和訓練的累積，能獲得這類的直觀。

根據理化學研究所指出，大腦皮質深處有一個尾狀核，專業棋士藉由尾狀核的神經迴路，能在瞬間選擇出最佳的下一步棋。另外，研究結果還指出，沒有下將棋經驗的人，在經過四個月的訓練後，對於將棋問題的解答能力將顯著提升，展現尾狀核的活躍狀態。由此得知，鍛鍊的結果會促進直觀思考迴路的發達。

人們即使小心注意地思前想後，仍然會失敗。不

少人都有過這種「小心不要出錯，反而錯誤連連」的經驗吧！就連技術絕佳、經驗豐富的職業高爾夫球選手，仍會因為稍微調整姿勢，或改變所屬團隊，而陷入低潮。越是思考不可以做的事，狀況越是不佳，難以脫離低潮。

　　腦科學家班傑明・利貝特（Benj・amin Libet）已透過腦科學實驗證明，人類不存在自由意志，只不過是將腦內指令認為是自我意志。他在 1983 年發表的內容提到，在我們意識到「打算」的 0.35 秒之前，大腦已經下達指令，這篇結論帶給世人很大的震撼。根據他的實驗，在大腦決定之前，僅有極少的時間容納所謂由意識決定的「自由意志」，而且只有零點幾秒。如此不牽涉自由意志，可謂無意識的行動，也就是直觀的運作。

行動（Act）

OODA 循環的「A」，是指 Act（行動）。與截至目前的三個流程相比，「行動」簡單多了。重點在於貫徹始終。不單純只是行動，而是要執行出成果。如果不能執行經過「觀察、理解、直觀決定」之事項，至今所花費的時間將付諸流水。除了判斷「不要行動」之外，都需要堅定不移地執行。

在「行動」的時候，最重要的是堅定即刻行動的意志。的確，在不確定的情況下行動，任何人都會惶惶不安。結果可能不如預期，面臨慘敗，但是，越早失敗越好。

話雖如此，執行需要勇氣，貫徹始終也不是一件容易的事。尤其是需要經歷很長的時間和訓練之時。孩提時期的學習、為了學會語言或取得證照的學習、定期上健身房、戒菸戒酒、減肥瘦身等，除非意志特別堅強的人，否則每個人都有下定決心又半途而廢的經驗。這個時候，你的心情如何呢？多半會感到不是滋味吧！這樣一來，自然不能如期獲得成果，更無法獲得成就感。

不只有孩提時期，就算長大成人了，不知為何，自己早已下決心要學習或運動，卻總是難以持續下去。探究背後的真相，應該是因為自己並未下定決心吧！

　　如果你只因為看起來好像不錯、周圍的人都在做而開始行動，就不可能由衷地持續下去。序章中曾經說明，OODA 循環強調自主性，所以快速。如果不是由衷「想做」，就不需要速度和加強了。

　　因為是公司方針，只好照做；依照上層的指示來執行就好。要是組織裡充斥了有這類想法的員工，將會被變化不斷的浪潮吞噬，終至喪失活力。對個人來說也一樣，人只有自己許願，自己決定，才能堅持到底。

調整（Loop）

OODA 循環最後的流程是「調整」（Loop）。結束「行動」，或決定「不行動」後，重新審視隨之而來的結果。在明顯宣告失敗時，你很可能無法「理解」，所以返回「觀察」，再一次運作 OODA 循環。重新觀察狀況，視需要來更新世界觀。

但是，在失敗之後，回顧過去以探究判斷和行動的失誤何在而浪費時間，是絕對禁止的行為。不論你多麼後悔，也無法掩蓋失敗的事實。你更不需要再次質疑，因為結果不佳起因於行動與想法不佳。與其對已經結束的過去思來想去，不如重新轉動 OODA 循環才是首要工作，這也是 OODA 循環所謂的「調整」。

《五輪書》的〈火之卷〉也教大家，「放開四手」。當敵方和自己都僵持不下，無法終結對戰的時候，不要執著目前的戰法，鬆開交纏的四隻手，用其他招式得勝即可，教我們不要猶豫，要改變戰略。

所謂的「放開四手（交纏的四隻手）」，是關於敵我雙方僵持不下，戰事無法終結的心得。當發現僵持之心，請拋卻僵持的念頭，利用別的方式獲取勝利。

【原文】「四手離去」意指，敵我同念，意欲僵持，勝負難分。如有僵持之心，拋之棄之，務求他法，以期得勝。

從這一小段節錄，各位可以了解《五輪書》非常講求實際效益。

不拘泥於形式，如實觀察現狀，理解判斷後再行動，如果失敗了，就接受現實，嘗試新的方法。事實上，以 OODA 循環思考定調的矽谷企業，沒有人回顧過去的專案或檢討整年度的工作。只會思考今後的去向，並起而行動。

如此反覆運轉 OODA 循環，逐漸增加手中「此時此刻的相應之道」的行動模式，可以將直觀能力鍛鍊得更敏捷，而後就能展現成果。

有「意識」才能更加活用

　　大家依序閱讀了 OODA 循環思考法的五大流程，是不是有很多人覺得，如果是這些內容，自己早就已經在使用了。的確，OODA 循環最大的特點是，不知道理論，也不需要刻意思考，就可以實踐。但是，如果你照著以下的方式，將能更有效地活用它。

　　最重要的技巧是有意識地使用這個流程。在採取任何行動時，請試著在事後想想，自己當下跑完「觀察、理解、決定、行動、調整」這五大流程，還是省略了哪幾個步驟。

　　收到主管要求製作資料的緊急指示後，你評估了收集資料與作業所需的時間，判斷下班前無法完成，決定取消聚會邀約，開始作業。這時，你就運用了「觀察、理解、決定、行動」的流程。

　　但是，同樣的事情發生幾次之後，你可能不需要一一評估就知道，主管在這個時段交付工作，你大約花兩個小時左右可以完成，就開始著手處理，並且依約參加聚會。這時，你運用了「理解、決定、行動」，而省略了「觀察」。

當之後驗證了為何不再需要或真的不再需要「觀察」，那麼下次發生相同的事件時，你將能更快速、更明確地運用 OODA 循環。

　　到這裡，OODA 循環思考法的基本說明已經全部結束。是不是有人覺得很驚訝，沒想到這竟然如此簡單？但是，OODA 循環不是只求理解的思考法，還需要親身實踐。當你能夠自由跳用五大流程的步驟，才是真正的熟習，並讓它成為自己的思考法。在下一個章節，我將透過 OODA 循環的實踐型態，向大家詳細解說捷徑的用法。

2

OODA 循環的捷徑

捷徑是 OODA 循環思考的實踐型態

　　實踐 OODA 循環的關鍵在於「捷徑」。不是任何時候、任何事情，都要依循「觀察→理解→決定→行動→調整」這五大流程，會視情況省略其中幾步，以便採取更快速、更適宜的行動。

　　一般人在重要發表會之前，都會多次確認投影片有沒有錯誤、電腦和投影機有沒有調整好、資料要準備幾人份等。但是在這成為例行工作、自己習慣之後，就不再神經緊繃，也不會出太大的紕漏。在這樣的評估基礎下，我們在做事前準備時會省略「再確認」的步驟。

　　但是，如果評估失準，仍然可能發生問題，像是忘了帶手機而無法工作；錢包掉了，午餐時間只好向同事借錢等。了解狀況（因為是例行工作而習慣了）、評估行動結果（沒有重複確認也沒關係），然後與現實（沒有想像中熟練，所以必須確認！）發生差距，引發了不好的事件。

　　從另一個角度來看，如果可以在瞬間正確「了解狀況」和「預測行動結果」，選擇相符的捷徑，就可以避免快速

行動失敗的情況。只運用所需的流程，其他則省略跳過。

　　和其他的思考法相比，差別顯而易見。例如：邏輯思考需要整理並分析問題，條理分明且縝密地導出結論，因此一定要實實在在地走過每一道流程，否則找不出答案。

問題是，何時及如何使用捷徑

　　接下來，我們看看該在什麼時候使用哪一種捷徑。下圖整理成矩陣圖，大致依每個情境區分出適合的模式。

捷徑模式矩陣圖

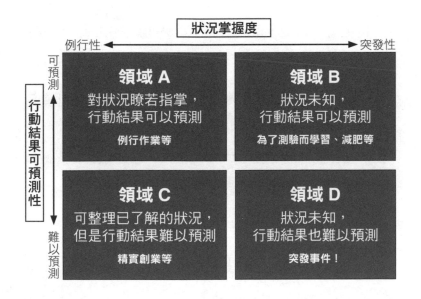

以下將介紹分別可在 A、B、C、D 情境使用的四種捷徑模式。

領域 A：最快的模式「理解→行動」，不「觀察」就「行動」

領域 B：「觀察」兩次「觀察→理解→觀察」，更新世界觀

領域 C：驗證假設「理解→決定→行動」，加深「理解」

領域 D：OODA 循環的優勢「觀察→理解→決定→行動→調整」，有效因應意外狀況

以上組合只是典型範例。在同一個象限中，仍有縱軸與橫軸的程度差異，所以請當作參考的標準就好。

即便如此，對基本型態的了解，是快速實踐 OODA 循環的捷徑，讓你知道何時可以使用哪一種模式。關鍵是「活用」，在各種情況下使用 OODA 循環，藉此拓展世界觀，以便能更快速明確地判斷與行動。

因應狀況的捷徑典型範例

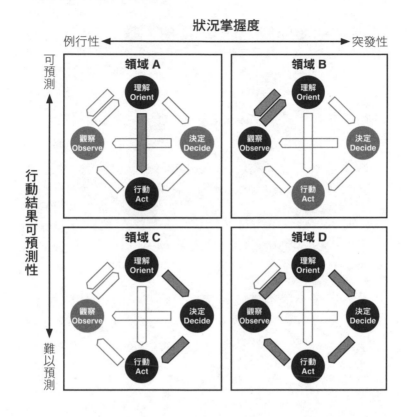

為了具體活用 OODA 循環思考法，讓我們一起探討以下的案例。故事主角是 28 歲的小田悠馬先生，他在協助轉業的企業裡從事業務工作。

小田先生實踐 OODA 循環 [導入]

一

　　小田先生任職於 Sachare（サーチャレ）公司，提供協助轉業的服務，市場整體走勢向上，業績也順利成長。公司對於往來的廠商，以及過去接受服務的人士深表感激，決定舉辦五週年紀念活動，並成立專案小組。但是，活動準備時間只有四個月。

　　在專案啟動會議中，專案管理人向成員發表了以下的談話。

　　「四個月的準備時間實在太短了，而且大家還有平常的工作要處理，所以我們不可能為了決定一件事就要開會取得彼此的共識。但是我一點也不擔心，因為大家擁有共同的願景。」

　　專案管理人在挑選成員時，最重視這一點。成員挑選自企畫、會計、營業等各部門，這些成員對於公司的願景「設計工作的幸福」，都抱有強烈的信念。小田先生也是其中一員。

　　專案小組以專案管理人為中心，開始討論五週年活動的概念，決定進一步闡明公司的願景：「讓所有參加者都感到幸福」。

「這很簡單。邀請至今與公司往來的人士，表達感謝之意，承諾把工作的幸福帶給更多人。當你感到迷惘時，請回歸這個願景，自行判斷和行動。」

之後，在專案小組活動進展期間，小田先生每次都能正視突發事件。究竟他能否活用 OODA 循環，跨越難關，向活動參加者表達感謝之意？

最快的模式，不「觀察」就「行動」
【理解→行動】

例行性 × 行動結果可以預測時
【理解→行動】的捷徑

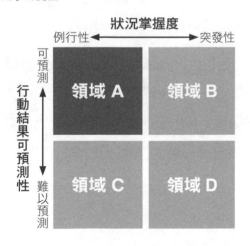

「理解→行動」也是 OODA 循環實踐型態中，讓人思考最快速的模式。在情境 A 中，因為過去曾有多次相同的經驗，對狀況瞭若指掌，可以預測行動結果，不需要刻意思索及觀察。

　　專業營業人員在與顧客初次見面的瞬間，就可以約略知道對方是否為貴客。

　　裁縫老店和高級餐廳的精明店員，會評估來訪顧客。如果認為對方是貴客，將提高服務的細心度，如果不是貴客，就會只提供一般基本的服務。精明的店員在數秒之內，從顧客穿戴的鞋子和手錶、膚況和髮質、表情和儀態、開口的第一句話，就能得出評估結果。事實上，店員在評估時所依據的，並非所見的一切，而是這類顧客的整體形象。這些店員長期與眾多顧客應對進退，因此不需要緊盯觀察，就能理解該如何行動。

　　實際上，他們也沒有多餘的時間可以好好地進行「觀察→理解→決定→行動→調整」。不依靠常見的決策過程，不是從眾多選項中挑出最佳策略，而是連決策都沒有，只在瞬間掌握狀況就行動。「理解→行動」的確是一種典型範例。

OODA 循環實踐型態①直觀的行動
【理解→行動】的捷徑

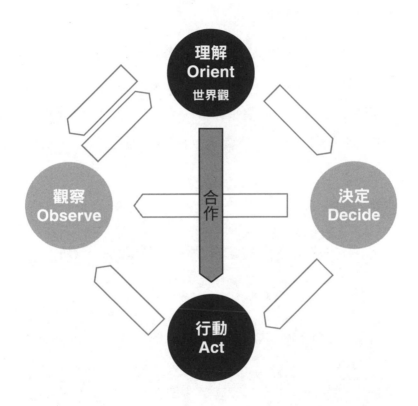

脊髓反射的最快速行動

嚴格說起來，高級餐廳的經理（統籌服務員的領班），以及前一章提到的格鬥遊戲玩家，並非沒有觀察。只是他們不用眼睛看，而是用察覺。因為他們擁有過往豐富的相同經驗，才能掌握狀況。

他們將這些經驗儲存於大腦且整理有序，以便隨時參照。往後遇到類似的情境時，只要透過直觀的能力，從劇本中挑出適用的場景，直接採用，或是稍作調整後再運用。因此，比完整的 OODA 循環快上好幾倍，而且更適合執行。

STORY #2

小田先生實踐 OODA 循環 [理解→行動]

小田先生擔任五週年活動專案小組的成員，開始採取行動。

他們很快就開始討論客戶邀請名單。Sachare 公司的客戶管理系統，依照重要性分為四個等級，所以小組配合會場可容納的人數，選定前兩大重要客戶群，共計七十家客戶。每家客戶邀請兩名來賓。

除此之外，他們決定抽籤挑選過去曾接受服務的

轉業人才。對協助轉業的企業而言，直接客戶是一般的公司，但是，Sachare 公司平常就很重視人才的後續發展。這是考量到人才在轉業後能在所屬公司一展長才，就能獲得轉業人才和客戶的信賴，繼而促進業績長期成長。

「我們公司是透過企業和轉業人才的口碑，來建立良好信用。大家想像一下，如果依照發想來執行的話，客戶會有什麼感受？然後再仔細琢磨思考。沒有時間猶豫放空囉！」專案管理人說完後，氣氛變得熱絡。

組織中的「理解→行動」，無法像個人一樣做出脊隨反射的行動。但是，這項作業是從平日使用的系統中挑選重要客戶，換句話說，是一項既定作業，不需要刻意思索、確認狀況，也不需要特別訂出決策，相當於不「觀察」就「行動」的模式。

而且，Sachare 公司的專案小組對願景有強烈的共識，所以不需要為了小事一一取得共識，也不需要開會，每位成員都能自律地朝相同的方向前進。

儘管如此，小田先生因為自己不像其他成員積極且自發自動，臉色看來有些黯淡。自從他進公司以來，光是順利做出業績，就已經令自己感到意外了。

他的內心也曾經充滿疑問，最近開始對工作感到質疑。「雖然不斷協助他人轉業，但轉業的人真的都

很滿意嗎？為了提升自己的業績，促使他人做不必要的轉業，這樣好嗎？」

專案管理人也發現了小田先生的困惑。小田先生曾經提議，要在事前取得參加者的影片留言，以便在會場上播放。他也提議，由於有邀請家庭成員，要準備讓小孩遊玩的空間。這個提議很好，但他本人提案後沒多久，就不斷說出反對意見，「不過，要是發生問題就麻煩了。」專案管理人見狀，便鼓勵道：「滿有趣的，試試看吧！」小田先生聽從判斷，才不再發言。

後來，專案管理人送給小田先生一本手寫筆記，裡面彙整了 OODA 循環思考法的相關內容。他在年輕時候也曾經充滿困惑，不知如何採取行動，偶然得知 OODA 循環思考法，便將其內化成為自己翻查的筆記。

「你好像有點太陷入思考了，看看裡面的內容，應該對你有所幫助。OODA 循環是使用直觀能力，瞬間決定執行方式的思考法，有人說它的內容基礎源自宮本武藏的《五輪書》。」

小田先生在學生時代曾接觸過劍道，宮本武藏是他內心永遠憧憬的對象。如果 OODA 循環的起源學習自宮本武藏，或許能成為改變自己的契機。他心裡微微升起一點期望，開始翻閱。

宮本武藏的不「觀察」就「理解」

《五輪書》提到，「覺知眼睛看不到的事物」相當重要，「不只用眼睛看」是日本兵法特有的思維。與宮本武藏同時代的法國哲學家笛卡兒，則曾提出完全不同的「視覺認知」想法，並且深深影響了後世許多西方哲學家。

宮本武藏為了學習搶先對方且絕對取勝的兵法，在《五輪書》中彙整了九大重點。他在第七項舉出，「眼不見，仍要覺知」。再來是「事物雖微，仍要留意」，強調眼力的重要性，須觀察入微。參考其他重點之後，我們可以理解到，如果發揮各種感知、知識、經驗，就能不「觀察」而「行動」。

第一：思考正道

第二：鍛鍊正道

第三：學習各種才藝

第四：了解各種職業

第五：分辨事物的損益

第六：洞悉事物的真實價值

第七：覺知眼睛看不到的事物

第八：留意微小事物

第九：不做沒有利益的事

大致說明如上，這些道理應常存於心，是鍛鍊兵法之道。

【原文】第一，思正道；第二，練正道；第三，習諸藝；第四，知百業；第五，辨損益；第六，洞真價；第七，覺眼不能視；第八，覺細微；第九，不行無益之舉，大致如此，應常掛於心，鍛鍊兵法之道。

「觀察」兩次，更新世界觀
【觀察→理解→觀察】

突發性 × 行動結果可以預測時
【觀察→理解→觀察】的捷徑

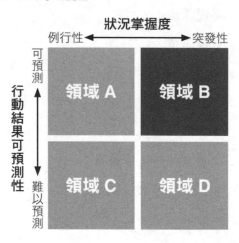

第二種實踐型態是在情境 B 中，雖然狀況未知，但行動結果可以預測，使用的模式為「觀察→理解→觀察」。

　　例如，對自己來說，為了測驗而學習或是減肥瘦身，都是初次經驗，但可以得到各種相關資訊，其中也有經過驗證的有效方法，只要參考這些內容，選擇符合理想與現況的做法，然後朝向理想前進，提高熱情，做該做的事，應該有機會達成目標。

　　相反的，偷懶不學習，就不可能合格；一直吃想吃的食物，也無法擁有理想的纖瘦身材。雖然這屬於未知的狀況，卻是可以預測的行動結果。

　　它與第一種「理解→行動」模式最大的差別，在於這次從「觀察」開始。遇到過去缺乏相關經驗的狀況時，你必須先意識到發生了什麼事，好好觀察。盡最大努力如實正確地掌握現況，是第一個「觀察」的流程。

OODA 循環實踐型態②更新世界觀 1
【觀察→理解→觀察】的捷徑

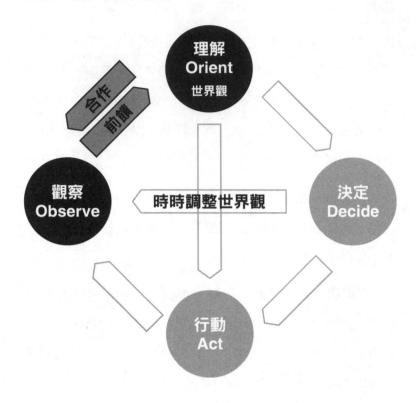

有意識地「觀察」，所以「理解」的品質不同

　　例如，要減肥之前，先從認真檢視自己的身體現況開始。測量體重和體脂率、腰圍和臀圍，知道自己屬於哪一種體型。這是第一個「觀察」。

接著，自己理解情況。突出的小腹證明了你無法自我控制，可能也會帶給工作不好的影響。他或她在一開始不把肥胖當一回事，最近卻無法發自內心地展現笑容，看起來情況有些嚴重。但是，如果在這個時候痛下決心減肥成功，恢復自信，將比現在更快樂地迎接每天的生活。像這樣，將現況與自身的夢想和願望相連，好好地理解。

　　這種案例大多不需要完全從零開始思考，自身過往應該有類似的經驗，像是曾閱讀相關書籍、聽過他人的談話，理解到「在這種情況下該這麼做」。從類似的情節裡，選出最相近的情境，再配合眼前的狀況修正，正是這個實踐型態的「理解」。

　　若要減肥，就得設定具體的目標，例如，在多久之內瘦到什麼樣的體型、自己理想的樣貌、描繪出夢想中的身材、體重和肚圍要瘦到多少等。同時，蒐集減肥方法的資訊，像是先吃蔬菜、控制碳水化合物的攝取量、做核心訓練、練呼吸法等，為了達成目標，從多如繁星的減肥法中，選擇一個最適合自己的方式。然後，配合所選擇的方法，決定上健身房的天數和專案、飲食生活的模式、攝取食物的菜單方針等。

　　經過這些「觀察」後，你應該獲得不少發現。例如，

原本以為自己是易胖體質而放棄，但其實問題是吃太多，或是太晚結束工作，直到睡前才吃晚餐等。將理想的自己當作不久之後會看到的現實，改變認識自己和周圍環境的方式，使世界觀得以更新。直觀的理解是一種品質不同的「理解」。

在觀察、理解後，也可能「不行動」

雖然中途遭遇挫折，仍決定展開減肥行動。但是，狀況發生變化，在觀察、理解之後，也可能決定不行動。或許在轉業等案例，更常發生這樣的情況。一般案例是，重新好好思考目前的工作、自己的實力、想轉型的樣貌，再篩選希望的職業與公司，參加轉業登記，並蒐集那些公司的情報與待遇等資料。結果，判斷繼續從事目前的工作比較好。

這種情況乍看毫無作為，實際上並非如此。雖然最終沒有轉業，卻了解到自己的市場價值，以及轉業市場的最新狀況，觀察到至今的自我理解是否符合現實。總結來說，驗證了觀察、理解的結果，正是「觀察→理解」之後的第二個「觀察」。在已知的結果下，當狀況與初始的預估有

所不同，就將這個結果反映於手中現有的模式，更新世界觀，使其更廣闊、更有深度。

STORY #3

小田先生實踐 OODA 循環
[觀察→理解→觀察]
一

Sachare 公司的專案小組也假想並演練了當天可能的各種情況，更新世界觀。每個人都是第一次從事週年活動，參考了過去不少活動的案例，例如：針對客戶的研討會、徵選新進員工的公司說明會或是大學園遊會等。

天候劇變、交通系統大亂、器材故障、緊急病患或人員受傷等，他們想遍所有問題類型，大致能妥善應對這些假想事件。像是天候惡劣或大眾交通系統混亂，決定停止活動時，要在什麼時間點、由誰、以什麼標準，又該如何傳達訊息等。還有器材和演出人員的替代方案，要準備到什麼程度。小組成員不斷增加「此時此刻的相應之道」的情境。

小田先生也馬上試用專案管理人教他的 OODA 循環思考。這個美國空軍奉行的規則，可以在緊急時

刻發揮效用，但是當發生突發事件時，他沒有自信能在當下實踐運用。所以，他試著在腦中排演緊急事件。

浮現在他腦海中的難忘回憶，是學生時代擔任執行委員的那次園遊會。預定演出的藝人因為急性疾病，未能出現在會場。雖然增加了學生的精采表演項目，來填補藝人的表演時段，但那些想一睹藝人風采而到場的觀眾，仍然噓聲連連，當時的場景令他至今難忘。

在這次的週年活動中，專案小組決定請專業司儀主持活動。與製作公司簽定的合約中，還加註如果司儀本人無法到場時，將提供替代人選。為了保險起見，他們還準備了一份節目流程給公關部長。該部長平常就習於應對媒體，倘若真有萬一，可以代打上陣。事前工作準備至此，想必能避免重蹈覆轍。

「如果回歸願景，一心想讓所有參加者感到幸福，絕對可以找到方法，跨越一切難關。為了達成目標，首先，不要忽略現在發生的事、可能發生的事，自己掌握所有情況，這應該就是OODA循環所說的『觀察→理解』。」

小田先生總算能依自己的理解來掌握要領。

驗證假設，加深「理解」
【理解→決定→行動】

第三種實踐型態在情境 C，當狀況可以整理和理解，但行動結果難以預測時，就使用「理解→決定→行動」。

雖然過去沒有相同狀況的經驗，但造成狀況的原因和前後關聯很明確，因此可以整理並了解狀況。但是，這時該採取的行動及其伴隨的結果，卻無法預測。所以，先「決定」「行動」。這種模式的「決定」近似「假設」（Hypothesize），「行動」則近似「嘗試」（Test）。

例行性 X 行動結果難以預測時
【觀察→決定→行動】的捷徑

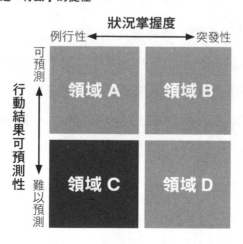

當交往的對象突然提出要分手，你會有什麼反應？大部分的人會先感到吃驚，接著是失望與憤怒。明明感情還不錯，對方卻突然提出要分手，也太自我、太任性了。但問題在於，真的是「突然」嗎？

這陣子比較忙，每個月只見一次面，回覆訊息的次數也突然減少，偶爾碰面也談不上話。難道是因為那次吵架？彼此感情用事而惡言相向……回憶浮現腦海，一切歷歷在目。

曾經如膠似漆的情侶，若有一方想提出分手，是很正常的。這時，你可以看出造成分手的結果和起因之間有明顯的關聯性，就能把它當作線索，理清並了解情況。這是一開始的「理解」。

然而，你該採取什麼行動，才能讓事情有轉圜的餘地，這個部分卻難以預測。暫時接受現狀，讓彼此進入冷靜期，或是表明心意，促使對方回心轉意。還是冷靜地對話，找出對方想分手的原因，重新討論要分開或復合。如果判斷錯誤的話，不但會失去至今的美好回憶，也難免受到共同親友的責難。

這時，你只能從頭開始細細思考策略和行動方針，嘗試內心的假設。這就是「決定→行動」的流程。

OODA 循環實踐型態③更新世界觀 2
【觀察→決定→行動】的捷徑

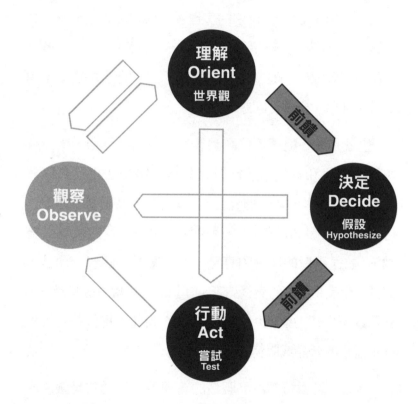

當試假設，驗證並更新世界觀

連矽谷都在活用的創新假說驗證

精實創業是一種快速取得市場的卓越創新手法，廣泛運用於以矽谷為中心的創業、產品服務開發事業。而這種手法也使用了 OODA 循環的「理解→決定（假設）→行動（嘗試）」。（艾瑞克・萊斯〔Eric Ries〕在著作《精實創業》一書中明確提到，他參考 OODA 循環，創造出精實創業的結構、評估、學習、回饋。）

也就是說，隨著那些驅動客戶心理的世界觀，來拆解並統整資訊和經驗，然後訂定想法，將想法化為具體假設，也要控制成本，同時試作（假設）產品服務的原型，再邀請對新事物敏銳的用戶協助使用，以驗證反應（嘗試），並從用戶的反應和意見，重新審視（調整）想法、假設、產品和服務的測試品等。其想法是，藉由這些過程，就可以不白費力氣地用最快的速度，製作或提供符合客戶真正需求的產品或服務。

過去，針對這類產品製造的管理手法，通常是讓產品擁有一堆功能，連細節也堅持高品質，結果價格過高，產品複雜到誰使用起來都不順暢。相對於此，日本有許多企業已漸漸傾向採取精實創業。

這種好似嬰兒學爬的模樣，與源自矽谷的創新手法，在形象上有很大的落差。但是，在難以預測行動結果的情境裡，不論依循前例或模仿哪個對象，都不能保證一定成功。所以，只好老實笨拙地反覆來回進行「理解→決定（假設）→行動（嘗試）」。

小田先生實踐 OODA 循環
[理解→觀察→行動]
一

終於來到 Sachare 公司五週年慶活動當天，小田先生在會場迎接每位客戶，突然一位女士氣沖沖地靠近他身旁，一隻貴賓犬的頭從女士手中的籠子裡探出來。

「這是怎麼一回事？會場竟然拒絕寵物進入！這隻茶茶是我最重要的家人，才不是寵物，沒道理跟我分開。」

這位女士是小田先生負責的企業社長，的確，至今每次與她會面時，貴賓狗茶茶總是坐在她的腿上。但是他萬萬沒想到，就連在其他公司的活動上，這

隻寵物依然同行。不過，他試著回想了一下，社長曾公開說過：「不管去哪裡，這孩子都會陪著我。」活動邀請函上，也沒有特別標註寵物不可同行，真應該事先想到這一點才對。

　　小田先生一邊壓抑失去如此重要客戶的恐慌，一邊想著 OODA 循環的基本概念。他整理了現在的狀況，社長生氣的原因很明確，不過，他對於要如何應對才能取得對方的理解，腦中一片空白。換句話說，現下的情境符合「可以整理並了解狀況，但難以預測行動結果」。這樣一來，只能想像對方的心情，提出想得到的回應方法。

　　因此，小田先生小心翼翼地觀察社長的言辭和表情，提出以下的假設。社長大概想得到會場禁止攜帶寵物進入，但還是刻意帶來，會不會有什麼訴求。若果真如此，只好先順著社長的情緒，套出她心裡真正想說的話。小田先生下定決心後，已經可以直視社長的雙眼，由衷地向對方道歉。

　　「全是我想得不夠周到，讓您感到不愉快，真的非常抱歉。我想小茶茶也感到很不安，真不知道該說什麼才能表示我的歉意。距離活動開始還有一點時間，我準備了一間休息室，您要不要先到休息室休息一下。」

　　原本情緒激動的社長，一聽到愛犬的名字，心情

稍微平復下來。小田先生還看向籠子，對狗狗說：「不好意思，說話太大聲了，去安靜的房間休息一下喔！」

小田先生以狗狗不會跑出籠子為條件，請飯店準備了房間，再快速接待社長來到房間，端上現泡的咖啡，社長的語氣總算緩和不少。

「我也知道不可以把寵物帶進餐廳或宴會場所，但是我沒收到特別聲明，這分明表示你們一點也不在意我們公司和身為經營者的我，一想到這裡，不禁令人生氣，我才會帶寵物過來。」

這下子總算印證了小田先生的假設。

「完全是我思慮不周，但我絕對沒有忘記小茶茶，也絕對不可能忽視貴公司和社長您。我應該在事前向您詳細說明，真的非常抱歉。」

接著，小田先生又提出意見，決定「嘗試」化解現況的方法。

「因為衛生所的規定，宴會場所禁止寵物進入，但懇請社長務必蒞臨參加。我可以幫忙預約寵物旅館，不過我們有位員工的家裡幸福地飼養了兩隻貴賓犬，小茶茶在那裡可以得到很好的照顧，能否請社長一人前往會場呢？」

他細心觀察對方的表情，一口氣說完，靜靜等待

回應。

　「把茶茶寄放在不認識的寵物旅館，的確令人擔心，就照你的建議處理吧！」

　小田先生聽到回覆後，想著如果是過去的自己，會怎麼處理呢？恐怕會一再拖延回應，絕對會惹得社長更不高興。但是，他認識了 OODA 循環思考法，得以冷靜地觀察狀況，提出假設，快速行動，最終避免事情落入更糟的局面。

完整的 OODA 循環，因應意外狀況
【觀察→理解→決定→行動→調整】

突發性 × 行動結果難以預測時
【觀察→理解→決定→行動→調整】的整套路徑

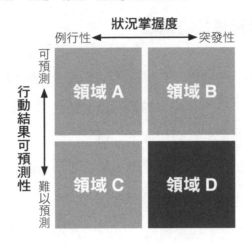

狀況掌握度

例行性 ←→ 突發性

可預測

領域 A　　領域 B

行動結果可預測性

難以預測

領域 C　　領域 D

第四種實踐型態是情境 D，過去缺乏相關經驗的未知狀況，也難以預測行動結果，適用 OODA 循環的整套路徑，「觀察→理解→決定→行動→調整」最適合處理完全「出乎意料」的狀況。

當然，一開始不能採取直觀的行動。盡可能收集並分析許多資訊，整合結果，以掌握整體狀況，之後再開始行動。以結論來看，這似乎與邏輯思考法非常雷同。然而，

邏輯思考是「不遺漏、不重複，從客觀角度徹底找出正確的解答」，OODA 循環則是「針對事件發生的背景，尋遍世界觀中的各種認知，專注找出能產生成果的行動」，在速度上有絕對性的差異。

電梯前可疑物品的處理

大家會不會認為，未知的狀況是過去沒有類似經驗，跟自己八竿子打不著的？的確，日本是全球最安全的國家之一，但世事難料。一如往常的辦公大樓，一如往常的電梯前面，突然放置了一個郵包，卻沒看到周圍有可能的失主。如果是你，會怎麼做？

一位曾在戰爭衝突地區工作的朋友說，應該馬上離開現場，理由是包裹裡說不定有炸彈，或引發毒氣的裝置。有人可能認為，這不過是一件遺失物包裹，為此不能去辦公室，真是太荒謬了，如果趕不上重要會議，該怎麼辦？這些反對意見聽起來像在發牢騷，缺乏安全意識。

開會和性命哪一個比較重要？馬上離開大樓，在外面打電話聯絡警衛室，請對方協助確認可疑物品。確認沒有問題後，再返回大樓就好了。如果將這個主張套用在

OODA 循環實踐型態④更新世界觀 3
【觀察→理解→決定】的捷徑

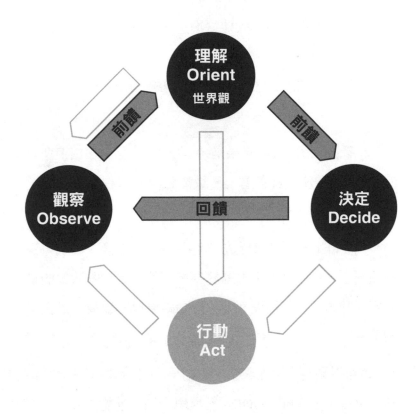

即使不能行動，只觀察突發狀況，
也可以更新世界觀

OODA 循環中，如以下所示：

- 小心地仔細觀察是否發生異常狀況（觀察）
- 辨別周圍狀況，認為是可疑物品（理解）
- 立刻決定離開現場（決定）
- 在外面打電話給大樓警衛室，確認安全後返回辦公室（行動）
- 確認這次的因應措施是否有問題（調整）

大部分情形的最終結果是，「非可疑物品，白白浪費時間」。不過，凡事皆有萬一，釐清狀況的過程絕不能說一無所獲。

不僅如此，反覆執行這一連串的行動之後，發現可疑物品一事，對你來說不再屬於突發事件。當你對狀況的掌握度提升了，在某種程度上，行動結果已經變成可以預測的了。

這可以視為「世界觀擴大的結果」，我們在下個章節將詳細說明。只要利用 OODA 循環思考法，就能擴大活用直觀的領域。

也就是說，從矩陣圖右下角的 D 情境，向 C、B 或是

左上角的 A 移動。越有意識地使用並熟習 OODA 循環思考，對你而言的突發性狀況會變得越少，並且擴大了可以更快速而明確行動的領域。這正是平日使用 OODA 循環思考的意義。

熟習 OODA 循環思考後，
「突發性 × 難以預測→例行性 × 可預測」
的情況將增加

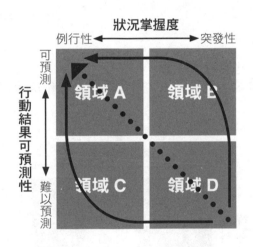

捷徑與領域 A 到 D，並非一對一的應對關係

以上用典型範例向大家說明，將 OODA 循環捷徑配合狀況的使用方法。要注意的是，身處相同的狀況下，依據人物及世界觀更新的時機不同，所屬的矩陣圖領域就會不同。而且，捷徑與領域 A 到 D，並非一對一的應對關係。

請各位再看一次圖示，依照狀況掌握程度和行動結果的可預測性，圖示劃分成 2×2 的矩陣圖，實際上卻不是涇渭分明的四個象限。

四種領域中也有程度差異，
可使用的捷徑，依每個人、每個時機，分布於不同的領域

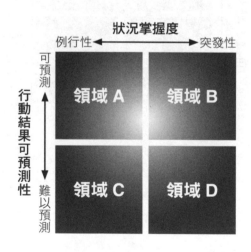

領域 A 是充分掌握狀況，可以預測行動結果，但是越往下移，就越難預測。領域 B 是雖然狀況未知，但可以預測行動結果，然而越往左移，就有越多過去的類似狀況，越能參考經驗。因此，這四個象限有程度上的差異。

比如前面的可疑物品例子，雖然是突發事件，有準備的人和沒有準備的人，在能否迅速做出有效行動這方面，將有天壤之別。

過去曾經發生完全超乎想像的重大意外，例如恐怖攻擊或大規模災害等，今日也有不少專家學者提出各種警示情境。除了以這些情境為基礎來演習及訓練外，光是觀察這些情境就能更新世界觀，在可能的環境下大幅擴大可活用直觀的領域。

令人驚訝的是，為了特定地震狀況而考量的策略情境，完全能夠適用於其他類型的災害，從各種案例都顯示出人類擁有這樣的能力。而美軍也訓練士兵在現場必須擁有這樣的判斷能力。

宮本武藏也是如此。他廣泛接觸學識、技術、藝術，集各種學識教養於一身，對於完全不同的職業也知之甚深，主張藉此擴展視野。就如俗語說，急難時刻「家財萬貫，不如一技在身」。順帶一提，宮本武藏遺留的繪畫墨

寶，如〈鵜圖〉、〈紅梅鳩圖〉、〈蘆雁圖屏風〉等，都被評列為重要文化財。

　　一旦遭逢意外事件，有人可以判斷並採取行動，有人無法判斷而動彈不得，兩者之間存有不少差異。而區分兩者的是「擁有什麼樣的世界觀」。在下一章，我將向大家介紹「為了快速且有效地判斷，應該打造什麼樣的世界觀」。

VUCA 框架思考

—

　把狀況掌握度設為橫軸，行動結果預測設為縱軸，大家是否對於由這兩軸形成的矩陣圖感到熟悉呢？或許已經有人發現，這與 VUCA 使用的框架思考一模一樣。

　1991 年冷戰終結時，美國陸軍軍事學院為了掌握尚未明朗的局勢，提出一個軍事用語：VUCA。以狀況掌握度（橫軸）和行動結果的可預測性（縱軸）為兩軸，劃分出五種程度：Stable（穩定）、Volatile（易變性）、Uncertain（不確定性）、Complex（複雜性）、Ambiguous（模糊性）。這是一種目的在於掌握情況的框架思考，而後取後面四項的字首，簡稱為「VUCA」。

　之後，世界經濟勢力版圖不斷變化，創新速度加快，既有產業和商業模型從根本發生動搖，開始將 VUCA 框架思考運用於商業世界。包括市場、競爭者、公司定位等，一切充滿了不確定性。為了因應並掌握突發性不斷的現況，VUCA 框架思考被視為一種有效的方法。

為什麼 Stable 沒有列入 VUCA 中呢？因為不管理論上如何，現實世界幾乎不存在所謂的穩定狀況。我們的日常生活中，並不存在真正的穩定。就算自己看似重複著跟昨天相同的生活和工作，仍時時發生些微的差異和改變，自己本身和周邊的環境也並非全無變化。所以，OODA 循環思考幾乎可以使用於所有行為，也應該多多使用它。

VUCA 框架思考

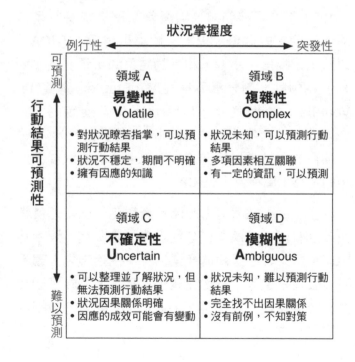

小田先生實踐 OODA 循環
[觀察→理解→決定→行動→調整]
一

　在五週年慶活動開場的前三十分鐘，小田先生的同事來電聯絡，他正在離小田先生最近的車站。

　「我在等計程車的隊伍中排了二十分鐘，完全沒有前進。拿著我們邀請函的客戶也開始不耐煩。好像有偶像團體在附近開祕密演唱會。」

　他們在事前曾經聽說，這附近在同一天也有活動，但是他們認為就算加上其他會場的容納人數，也不會超過計程車載客的負荷能力，因此從最近的車站到飯店的路上，只安排了一輛小型巴士。連沒有門票的人都蜂擁地前往會場，這一點實屬難料。小田先生一想到他們讓重要的客戶排隊且使其感到不悅，便覺得自己得趕快採取行動才行。這個時候，他的耳邊再度響起專案管理人的話，「讓所有參加者都感到幸福。」

　「對了，要站在客戶的立場，感受在車站等候的心情來了解狀況。客戶感到不耐煩的原因，除了在炎炎烈日下久候之外，還有完全不知道為什麼會這麼擁擠，以及何時才可以到達會場。如果我們能盡

量傳達正確的訊息，請大家在陰涼的地方等候，應該多少能使客戶感到放心。」

小田先生趕快在網路上搜尋附近的咖啡廳，打電話過去說明原委並預約了數十人的座位。接著，他打電話給待在車站的同事，請他帶客戶到咖啡廳休息，還請同事轉達下面這段話。

「我們沒有在事前掌握到祕密演唱會的訊息，讓大家在大熱天中等候，真的非常抱歉。接駁車會不斷往來運行，最慢可以在三十分鐘內將所有人載到會場。開場時間將延後十五分鐘，請各位一邊喝冷飲，一邊稍作等候。」

小田先生實際學習到，在狀況未知、行動結果難以預測的情況下，回歸願景，使用整套 OODA 循環思考，就能夠衝破難關。不久後，同事回報客戶的情緒已恢復平靜。小田先生親自體驗到 OODA 循環思考法在任何情況都極具效用，感到很有成就感。

3

以框架思考
構成的世界觀

「觀察」就能加速行動

在前一章中，我們解說 OODA 循環思考的架構有各種捷徑模式，可配合各種狀況靈活運用，能獲得其他思考法所沒有的快速判斷和行動，進而產生成效。此處再統整一次，OODA 循環是指觀察（Observe）、理解（Orient）、決定（Decide）、行動（Act）之間，相互交錯地進行回饋（調整）和前饋（預測），以此時所需的最短流程來判斷該如何行動。

各位發現了嗎？很明顯的，核心在於「理解」（Orient）。所有的捷徑都必須經過「理解」。這表示，「理解」在 OODA 循環中，具有關鍵意義。（為了讓 Orient 有別於 Observe，有的專家稱之為「大 O」。此外，OODA 循環本身已經是極簡化的框架思考，所以其他流程也很重要。）

如果你相信「自己明白眼前發生的事」，就會對自己的判斷懷有信心。相反的，若你覺得「不能理解發生的事」，就無法對自己的行動判斷懷有信心，會充滿疑惑地花費許多時間。因為這麼一來你就必須以決策方式一一排列出行

動的選項，進行客觀的比較分析，再挑出最恰當的辦法。

「理解」與否，是自主積極、快速行動的基石。但在這個無法預知未來的世界，你我不可能「理解」所有發生的事件，因此，我們需要「世界觀」。

理解 = Orient = 世界觀，OODA 的關鍵核心

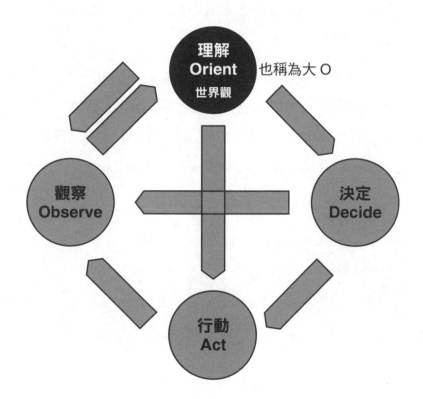

OODA 循環思考也是一種處理事件的技巧，藉由充分發揮自認為「理解」的世界，即自我擁有的世界觀，就連「難以理解」的事件也能迎刃而解。

為了有效使用 OODA 循環思考，我們必須正面直視世界觀。這是我研究 OODA 循環，實踐於許多組織後所得出的結論。因此，本書想用一整章的篇幅，來說明擁有什麼樣的世界觀才能更有效地使用 OODA 循環，又該如何建構這樣的世界觀。

第 1 章也稍微提到了「世界觀」一詞在一些介紹OODA 循環的書中並未被使用。不過，OODA 循環之父約翰・博伊德說過，世界觀（View of the World）是由「理解」（Orient）建構成形，所以我將其納入本書之中。

世界觀決定了一切

讓我們重新整理「世界觀」一詞。

「世界觀」在一般大眾的概念中，大多代表音樂、影片等藝術作品或創作者的風格。這是創作上的設定，也是代表假想世界的衍生詞彙，因此常常聽到這樣的說法：「喜歡這種世界觀」、「擁有獨特的世界觀」等。在不能清楚且具象地說出名詞或形容的謎樣時刻，大多會使用這個定義模糊的好用詞彙。

相反的，本書所說的「世界觀」，定義清晰，相當實用。一如字面，它反映了我們自身如何觀看世界，如何掌握現在發生的事件，是一個以理解為目的的工具。如果你覺得「世界觀」是一個宏大又遙遠的名詞，那麼若把它替換成人生觀、工作觀、結婚觀、戀愛觀、家庭觀、教育觀，感覺如何？它還是一個過於宏大的概念嗎？

說得隨便一點，○○觀的○○可以帶入各種詞彙。關於同學會主辦人的世界觀，或許是友誼觀（這種情況並不能用「同學會主辦人觀」，會無法好好使用 OODA 循環，

稍後會說明原因）。

　也就是說，每個人為了目標而行動的時候，背後都藏有○○觀。因此，OODA 循環思考聚焦在採取行動背後的○○觀，尤其是最大的世界觀。

　世界觀的特點是，絕非單純由學校習得的知識累積而成。一個人至今生活的環境和風土、所薰陶的文化傳統，自身遺傳的資質、容貌和體型，以及體力和溝通能力等，由這些背景取得自主經驗之後的總和，建構了一個人的世界觀。

　以我個人的經驗來看，「學生時期整天吵鬧的搗蛋鬼」中，有不少人擁有強悍又高深的世界觀。這群人用敏銳的目光觀察身邊的大人；在街頭遇到同齡的年輕人時，當下得辨別敵我；對峙時，必須搶先出手得勝；受到攻擊時，一定要狠狠反擊。他們的自主思考可說是在極速運轉中，而且天天持續上演，比起鎮日待在書桌前、擁有「學校智慧」的人，其世界觀當然穩定更新中。

　被稱為有「街頭智慧」的人，在街頭與三教九流打交道，練就一身應對進退的技巧，看起來一出社會就擁有完整的世界觀，能使用 OODA 循環思考處理各種現實狀況。他在面對或聽聞相同的事物時，不會浪費這些經驗，而能

發現許多共同點，並且立刻執行。

當他從事業務工作時，不會受限於既有觀念，而是會探究客戶真正的需求，予以回應。他對於銷售競爭或是競爭者的狀況變化等，這些細節轉變都不放過，會隨即端出因應對策。他備有高機能感測器，伴隨著強韌的世界觀，一起大步向前。這樣的年輕人將成長為下一個世代的領導者，我至今已經看過太多這類的例子。

話雖如此，我並沒有鼓勵大家從事不良活動。那麼，我們該如何得到像他們一樣的智慧呢？訣竅在於 VSAM，即建構世界觀的框架思考。接下來，就為各位詳細說明。

COLUMN

把客機迫降在哈德遜河的世界觀

要是你的世界觀貧乏且不穩固，一旦遇上突發事件，將會陷入恐慌，不知所措。雖然大腦告訴自己要行動，卻無法控制情緒，讓人動也動不了。在這天人交戰之際，狀況更加惡化，最差的結果是可能

喪失性命。

　相反的，要是你的世界觀豐富且穩固，不論眼前發生什麼事，都能正面接受現實，對於該如何行動做出相對的回應。理性判斷伴隨著希望和情緒，所以可以即刻行動，徹底執行。這是大腦和情緒結合為一體的狀態。

　為大家介紹一個有名的事件，在這個案例中，當事人以自身經驗為基礎，運用世界觀，達成了令人敬佩的結果。

　電影《薩利機長：哈德遜奇蹟》（*Sully*）改編自客機迫降的真實事件。2009 年 1 月 15 日，全美航空 1549 號班機在紐約拉瓜迪亞機場起飛不久，兩個引擎便停止運轉。前空軍上尉切斯利・沙林博格（Chesley Sullenberger）機長判斷，無法駕駛飛機重返機場再降落，為了避免墜落於市中心，他決定迫降於哈德遜河。在飛機沉入河水之前，機上的 150 名乘客和 5 名機組人員全數逃脫，沒有任何人死亡。

　沙林博格機長冷靜地掌握狀況，立即展開行動，奇蹟般地讓所有人生還。一旦發生問題，一般人都會依照緊急操作程序行動。機長在得知引擎停止後，直接啟動飛機輔助動力裝置（APU）。這是另一種小型引擎，不同於推進引擎，在飛行中並不會開啟使用。藉由快速啟動 APU，能夠確保控制飛行的電腦

之電力供給。

原本緊急操作程序設定的情景為：在高度 2 萬英呎（約 6000 公尺）時，兩個引擎失去動力。這完全不適用剛起飛不久，飛行於上升高度 2600 英呎（約 800 公尺）的 1549 號班機。沙林博格機長冷靜地接受事實，立刻「決定、行動」。如果他用邏輯解決問題，將免不了發生一場大災難。

沙林博格機長沒有駕駛客機降落河面的經驗。然而，他經驗豐富，也比任何人更清楚飛機迫降水面的危險性。即便如此，他為了不讓這架引擎完全停止的客機，緊急迫降於人口密集的地區，瞬間判斷自己別無選擇，只能迫降於河面，並且偉大地完成了這項艱難的任務。

之後，他曾經表示，「自己有信心讓所有人生還」。可以想見，在他的背後，不但包括戰鬥飛行員的經驗，還擁有穩固的世界觀，歷經了反覆驗證假說，日日更新的過程。聽說他轉任民航機長後，仍然勤奮研究過去民航機失事的案例，假設如果自己在現場時會採取什麼行動，並且常常演練。正因為這樣，他在生死當頭之際，能夠有信心地採取行動。

我們每天看到、聽到、體驗到的各種事物，雖然不是像飛行事故般特別的嚴重事件，但若能有意識地好好體會這些經驗，就可以捕捉到有別於昨日的世界。這就是在更新世界觀。

由 VSAM 建構的世界觀

　　世界觀是由 VSAM 建構而成，也就是願景（Vision）、策略（Strategy）、行動方針（Activities Directions）、心智模型（Mental Model）。但是，OODA 循環之父約翰・博伊德只有輕輕帶過「世界觀」（View of the World），沒有直接說明，也沒有提倡 VSAM。這是我自己倡導的理論，並且在本書介紹這個構成世界觀的框架思考。

建構世界觀的 VSAM 框架思考

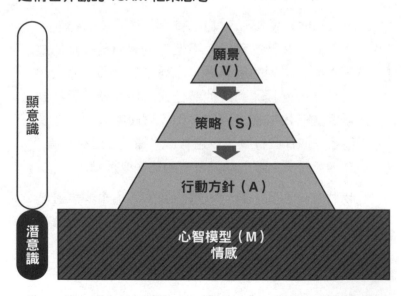

但是，這個理論並非完全由我自創的。約翰・博伊德的著作曾經敘述，「世界觀」是由「理解」（Orient）建構形成。因此，理解建構了「未來」、「方針」等特點，還以「策略」做為實現目的（未來）的方法，甚至建構了「心智模型」。

換句話說，

① **世界觀是指現在和將來如何觀看世界。**

② **理解是指建構世界觀。**

③ **世界觀如左頁圖示般建構而成，包括對今後世界的展望、有目標的願景（V）、為了實現目標的策略（S）、行動方針（A），還有潛意識中驅動自己如何觀看前述項目的心智模型（M）。**

這就是 VSAM 框架思考。

《願景》文件是美軍發行的重要刊物之一，記述了與 VSAM 相似的，從願景出發的結構（在組織中應用 OODA 循環時，使用的框架思考為 VSA，捨去心智模型的 M）。

再舉一個更好的例子，實際上，矽谷等地的各家企業都以 VSAM 結構的框架思考，在經營自己的事業。

例如：微軟公司（Microsoft）在 2014 年以「行動第一、

雲端至上」的世界觀，展示了理想世界和實現方法，成功完成了公司的轉型。另外，臉書在 2019 年發表了「重視隱私的社交網路」的「願景」宣言，以促進公司的轉型。

VSA 框架能為思考指引方向

從現在開始，我們將依序討論關於世界觀的各項要素，簡單彙整一下，初始的 VSA 框架包括：想要實現的事物（V ／願景）、為此而選擇的道路（S ／策略）、具體的行動（A ／行動方針）。

依照 VSA 框架，明確設定自我前進的方向，那麼不論你身處的狀況為何，都可以立即判斷。朝著自己理想的目標前進時，很少人會半途而廢，也不會輕易偏移軌道。OODA 循環思考厲害的祕密就藏在其中，這樣的說法一點也不誇張。

提到願景和夢想，或許讓人覺得小題大作，但是就連極為日常的小事件，以及一般生活的行動中，背後都存在內心憧憬的想法和願望。例如：序章開頭登場的赤坂先生，對於餐廳選擇和點餐遲遲猶豫不決，打壞了初次與心儀對象聚餐的氣氛。

如果他不是把目光聚焦在眼前:「不要在女方面前丟臉」,而將目光放得長遠一些:「如何與女方度過美好的時光」。不要聚焦在完美挑選餐廳和餐點,而應該放在如何調適選擇失敗後的悔恨心情。如此一來,初次在瑞典餐廳的混亂情景,以及全是沙拉的晚餐,反而可以當成一段笑話,翻篇而過,或許還可以記成「歡樂的失敗回憶」。

缺乏健全的心智模型（M），就難以行動

接下來談談 VSA 框架的基石:心智模型（M）。潛意識中容納了腦中的想像、情感和既有觀念等。心智模型是在不知不覺中形成的信念。即便是不常省思的人,也一定擁有心智模型和情感。

但問題在於,這個心智模型是否與 VSA 內涵相符,以下是三個不相符的案例。

- 頂尖運動員擁有活躍全球的願景,為此設定了策略和行動方針,卻因屢戰屢敗,每天都不想練習。

- 內心夢想著有一位深愛的伴侶,將來共同生兒育女,還在結婚交友服務公司登記加入會員,但是不擅於和陌生人聊天,結果都沒有參加活動。

- 內心贊成公司的願景:「打動客戶的心」,因此參加溝通訓練。然而,一旦期末目標達成狀況不佳,為了提升業績,過去業務人員的習性立現,不知不覺地一味展開了業務員的話術。

　　就算願景明確,也設定了實現的策略和行動方案,但只要心智模型與之相反(或成為障礙),VSA 框架就只是在紙上談兵。知道應有的行動,卻無法執行,而是做出全然相反的行為,這是受到情感和既有觀念的影響所致,因此必須更新心智模型。

　　本章的最後會再次提到 VSA 框架和心智模型的關聯,並且思考該如何做才能獲得符合 VSA 框架的心智模型。

五至十年後，「理想」的長遠願景（V）

　　願景是指你內心想實現的夢想，或憧憬的姿態、目標。以長期的目光設定願景（V）之後，為了將其實現，你可以看到現在應該做的行動（S、A）。也就是說，VSA 框架是對未來的樣貌進行想像，並思考現下應有的作為，可稱為倒序推演法的思考。

　　美軍將 OODA 循環思考導入並實踐於組織整體，依照願景決定所有的策略和作戰行動。前面所述的《願景》文件，具體顯示了何時要實現怎樣的世界，並且詳細描述了實現的策略。

　　然而，就長期而言，我們很難預測及設定二十年、三十年後的未來，不容易將其轉化為具體的策略和行動方針。以我們的經驗來看，區間可以從五年開始設定，最長大約十年，實現的可能性會更高，所設的策略與行動方針也更能促進願景的達成。

　　另外，如果規畫願景的前提條件從根基發生動搖，你也可能得重新調整。例如：網路或 AI 創新技術的普及、

法制規範的變更、未曾發生的災害和衝突所引發的環境變化，有過這些經驗的人，應該很常更改願景。一般而言，大部分以五年到十年左右為一個區間，來重新檢視及調整。

試著寫出願景

大家平常有在思考願景嗎？從沒想過的人，請趁這個機會試寫看看。不要呆坐著思考「自己的願景是……」等，分成工作觀、戀愛觀、結婚觀、人生觀、家庭觀、教育觀等來思考，將能輕易從中看出自己最重視哪一項。

如果是大學生，可以針對人生觀或工作觀，寫出屬於自己的願景，如果寫下的夢想是畢業後想任職的工作、想從事的職業等，實現這個夢想所需的策略（S），將包含參加就業活動和面試等。然後，針對近期應該學習的內容和方法，來設定行動方針（A）。

在你試著寫下來時，應該會發現有可以清楚寫出來的願景，也有一片模糊的願景。說不定還有人完全無法寫出來。但是，這都沒關係。自己在現下能夠稍微認識願景，就算是往前一步了。

了解自己的世界觀之 VSA 內涵紀錄表

工作觀、戀愛觀、結婚觀、人生觀、家庭觀、教育觀等……
我的世界觀是什麼？

我的世界觀是 [   ]

....

V 願景：五至十年後想達成的理想和目標？

....

S 策略：為了達到願景，需要什麼樣的策略？

....

A 行動方針：為了達到願景，必須做的第一要務是什麼？

思考願景時，請注意以下三點，不要學別人，要包括自己真正的願望，目標要具有價值，並且運用 OODA 循環思考，描繪出便於執行的願景。

① 洞悉 5 ～ 10 年後的未來

不只看現在，而是將目光看向未來。掌握大環境變化的潮流，盡量預估五年後、十年後的世界走向，描繪出自己生存在未來世界的樣貌以及想要實現的夢想。

② 避免自以為是

如果你的願景對相關對象而言不具有價值，就無法實現夢想；這在工作上是指客戶，在戀愛和結婚方面則是自己的伴侶。雖然是自己的夢想和願望，但如果你自命不凡，它就不再具有價值。例如，為了加強業務能力，想提供舒適的服務給更多人，即便對方沒有意願也強行推銷。願景必須要能打動對方的內心才行。

③ 自己自主決定

自主決定屬於自己的夢想，不模仿他人，努力展現出自己的言行。世界上充滿了許多願景。每一家企業都有所

訴求的願景，但都大同小異。一開始你可以參考別人的願景，再自問是否真的想實現這個夢想，或者有了具體的經驗之後，再慢慢摸索出屬於自己的願景。

對願景感到迷茫的人可以使用的訣竅

我再重申一次，實踐 OODA 循環思考的關鍵是世界觀，其中「願景」占有最重要的位置。若想要在任何情況下都能明確決定該如何行動，首先需要有穩固的願景。

或許有人實在無法想出願景，這時可以試試以下三種方法。

1 尋找導師

2 設定暫時願景

3 從平日的行動思考

1. 尋找導師

　　我自己是聽了一位相當敬重的前輩所說的一番話，才規畫出工作的願景。

　　當時的我大約三十多歲，正從事一項大型專案，以顧問的身分重新建構日立製作所的供應鏈。我在那裡遇到了日立的負責人清水先生。雖然我們身處客戶和顧問的立場，年齡也稍有差距，但清水先生相當照顧我。

　　我受到清水先生很多的影響，其中決定了我往後方向的一段話是：「要做對所負責的組織有良好貢獻的工作。如果成功，就要做對日本的公司有所貢獻的工作。」他教我的重要想法是，不以自己的狀況與立場為優先，最優先的是相關的各個企業變好，最後要有所貢獻，讓整體社會變得更好。

　　當時的我也了解，這麼理所當然的道理並不容易貫徹執行。但另一方面，我心中有一個自我期望的形象。所以我的願景是，「讓客戶的公司變好」。此後，隨著我與多家客戶合作，從事各項工作，我的願景漸漸進化，如今加上了「希望企業組織、整體社會閃耀著希望、活力滿滿、朝氣蓬勃」。寫這本書也是為了實現願景所需的行動。

找到屬於你自己的「清水先生」，將有助你打造願景。現在有越來越多企業導入導師制度，但沒有限定是公司職場上的人。客戶、廠商，或名人和歷史人物都行，只要你找到價值觀相近，讓自己感到尊敬的導師，想像如果是對方的話會怎麼思考願景，再慢慢將之變成自己的東西。

2. 設定暫時願景

當然，不一定要找出適合的導師，你也可以先試著設定暫時願景。我自己覺得最普遍適用的暫時願景是：「能讓自己和周圍的人變得幸福」。

例如，關於結婚和家庭，對於伴侶、自己和將來的孩子來說，「身心健康，每天早上起床都神采奕奕，期盼迎接歡樂的一天」，可能是個不錯的暫時願景。

接著決定暫時的大方向，總之是從現在的自己能夠做到的事開始。

3. 從平日的行動思考

這個方法是從平日沒有注意的實際行為，來找尋類似方針的行動，以引導出策略和願景。

- 想有效利用時間，**所以要注意早起**。
- 尋求新鮮感和資訊，**盡量參加宴會或活動**。
- 想要開心過生活，**總是對任何人微笑問候**。

粗體字的內容類似「行動方針」，前面的句子則類似「策略」。為什麼自己要有效利用時間？為什麼需要新鮮感和資訊？為什麼想要開心過生活？好好思考一下，就可以看出自己想實現和憧憬的目標（願景）。

但是，如果這類的行動方針並沒有深植於自己的願望中，必須多加留意。

像是工作細心無失誤、全力因應客戶的需求、避免造成他人困擾等，不論掌握哪一項，或許都能當作不錯的行動方針。不過，這些真的是你打從心底所希望的嗎？或許只是因循長期深植的信念，或是未經思考的前例。所以，請你試著捫心自問，「我真的希望如此嗎？不是因為受到批評嗎？」

從行動創造未來

一

前面已經說明過，VSA 框架是用倒序推演法來思考，另外，「從平日的行動思考」時，則是從相反的方向（順序推演法）來想。首先，行動已經發生，未來就會依照策略和行動的創造而誕生。最近這種思考方式非常受到創業和行銷領域的關注。

在這樣的背景下，預測未來不再像過去那麼困難。時局多變，過往那些設定目標、檢討達成方法的路徑，已漸漸變得不再適用。所以，才要使用現今的方法來創造新的可能。

一邊決定如何行動，一邊檢討著這會對現在行動的對象帶來什麼樣的未來。例如，針對結婚交友活動、配合周圍的狀況，以及自己在市場上的價值等思考，都要確認這些願景是否可以實現，是否需要重新調整。不斷重複著「從行動創造未來的順序推演法」以及「從目標檢討手段的倒序推演法」這兩種路徑，應該慢慢就可以看到屬於自己的願景。

設立策略（S）和行動方針（A），
走向願景（V）

　　要是你只設定短程未來的願景，卻不知道通往那裡的路徑、該如何行動才能到達目的地的話，那麼構成世界觀的其他兩個要素：策略（Strategy）和行動方針（Activities Directions），可以將此過程呈現出來。

　　「策略」是為了實現願景而設立的，顯示出通往願景的路徑；「行動方針」是為了執行策略，將其轉化為進一步的具體行動。如果以時間軸做比喻，商業領域將「願景」設定為五年到十年的長期時間，將「策略」設定為三、四年，「行動方針」則設定為一、兩年左右，並且視進度和環境變化而調整。

　　願景是未來長期的夢想和目標，如果行動方針是現在具體採取的行動，策略又該如何設定呢？如果是「只要每天累積行動方針就能實現願景」這麼簡單，想必連策略都不需要了。

　　但是，請回顧我們從 OODA 循環思考所獲得的，「不論任何狀況，都可以快速判斷該如何行動的思考能力」。

為了學到靈活適應狀況的能力，只有一條路徑的結構反而會顯得不穩固。

就像 VUCA 框架思考（請參考第 115 頁），OODA 循環思考的假設是定位在不知道發生什麼事的狀況下。要是你深信願景和行動方針完全呈現一對一的關係，那麼當發生突發事件，一對一的關係崩壞了，你的思考將一片空白，也無法採取行動。

例如，身為財務專家（CFO）的你，提出十年後成為支撐公司的一員之願景，目前該採取的是將提升財會知識設立為行動方針。但是，現在的會計財務工作在十年後是否還存在，這一點很難說，說不定大部分會被 AI 所取代。

另一方面，營業和金融息息相關，顯然需要比會計財務更高階的技能。最新技術經常以超乎想像的速度就被運用在實務工作中，造成職場環境產生巨大的轉變，讓人勤奮累積的努力化為徒勞，無計可施。像這樣的失敗，肇始於單純將願景和行動方針連結為一條路徑。

為了避免這樣的情況，將你認為最有可能到達願景的對策，設定為「假設策略」，為了實現這個策略，你要決定最具效果的行動方針，將策略和行動方針一對一連結。當狀況發生變化，你在這個策略中看不到通往願景的道路

願景、策略、行動方針的關係

願景過於遙遠的時候

願景對現在的行動方針而言,位於遙遠的將來,可以將各種「假設策略」設定為對策。

願景和行動方針呈一直線的關係

願景離現在的行動方針很近,越是以一直線相連,該做的事越明確。

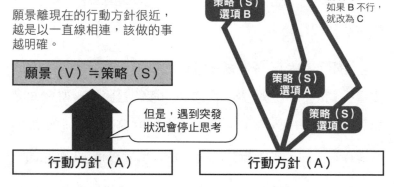

時,因為你的驗證(嘗試)否定了假設(想法),就要再考慮下一個新的「假設策略」,訂立新的行動方針。這樣就可以避免陷入思考停止的狀態。

當假設策略受到否定,就再制定下一個策略

若將願景、策略、行動方針以別的詞彙來表達,可以整理成:願景=目的(目光宏大的理想狀態),策略=目

標（為了實現願景的執行對策），行動方針＝手段（為了實踐執行對策的手段）。

策略是最有可能實現願景的假設，只要你心中相信，某種程度上沒有特別的限定。不論任何假設，只要它能成功執行即可視為策略。

決定策略時，要有意識地偏離平日行動的想法，針對實現遙遠的願景，思考該怎麼做和必要的方法。不要拘泥於現在的行動方針，拉大自由度是很重要的，如此才容易找出突發事件時代替原有方案的下一個策略，不至於陷入行動停滯的狀態。

例如，高中生未來想在具發展性的專業領域一展長才。在大部分的案例中，目標策略是進入相關大學，學習有助於未來職業的專門知識，行動方針是為了進入該所大學而努力用功讀書，通過測驗。

然而，要是目標大學的大門過窄，國外則以不同形式敞開通往該職業的道路，這時，出國留學也成了一個非常有利的策略選項。那麼，針對此策略的重要行動方針，不再是與其他高中生競爭考試，而是變成專心準備海外留學相關事項。

為了宏大目的（願景），如何設定當下的目標（策略），現在又要用什麼手段（行動方針）直接連結目標呢？為了實現願景，擁有多種可能的選項，努力擴大那個構成 VSA 內涵的三角形，確立目標和手段的關係，就能建構出難以崩塌、不易擊潰的世界觀。

COLUMN

宮本武藏的 VSA 內涵
—

只要參考《五輪書》，彙整願景、策略、行動方針的關係，就可以看出宮本武藏的人生觀，也就是世界觀。

順帶一提，我們很容易將武士道理解為「對主君誓言忠義，切腹守住家門，注重名譽之道」，這種想法皆源自德川政權之後，曲解或過於擴大解釋的結果。

與之對照，宮本武藏的願景明確、實用，目的是「確實致勝」。談到「確實致勝」的意思，並非只是勝過他人，還可以想成戰勝自我，意思是，不僅僅

以劍術贏過敵方，而是身心都贏過他人，成為不會輸給任何人的優秀人才。

　　接下來，我們來一窺通往「確實致勝」的道路（策略）吧！宮本武藏在《五輪書》的首篇〈地之卷〉提到「兵法之道」，指出透過兵法實現目的（願景）的各種路徑。在後面四卷則說明學習兵法所需的鍛鍊，包括技巧的基礎、對戰的方法、對戰的心法等。

　　這裡提到了現今全世界通用、非常重要的「假設策略」，例如習藝之際應留意的想法之一：「無構之構」。直譯成現代的說法是，「有架式，又沒架式」，戒除拘泥於形式與信念。他在自畫像中描繪的自己，也是兩手在前往下放鬆的姿態。

宮本武藏的無構之構

資料來源：宮本武藏肖像
（島田美術館藏，熊本縣指定文化財）

「 有架式，又沒架式 」

接著是行動方針，依照無構之構的策略，把自己
鍛鍊成可順應情勢而靈活行動的人。宮本武藏提倡的
兵法，與其他眾多的兵法和武術流派最大的差別，
在於所擁有的靈活度。約翰‧博伊德在構想 OODA
循環理論時，如此看重《五輪書》，應該就是因為這
一個特點吧！

只有 VSA 框架思考，還不夠完整

如果我們有了願景，設定好策略和行動方針，就能開
始行動了嗎？事情並沒有這麼簡單。相信大家都有過這樣
的經驗，有了內心憧憬的夢想，確立了應該採取的行動，
卻完全無法行動。

頭腦清楚，卻因內心抗拒而無法行動，這經常發生在
需要快速判斷並行動的時候。大雨來襲，已經發出避難警
報了，自己卻覺得沒關係而延遲去避難，這類情形不需要
理論，而是需要觸動內心的技巧。而這正是構成世界觀的
最後元素：心智模型（M）和情感。

了解自己的心智模型

　　世界觀的構成元素就藏在潛意識中，包括心中想像的心智模型，還有內心的情感。那些針對實現願景的策略和行動方針，是否能轉化為具實質機能的世界觀，與心智模型和情感息息相關。

　　關於情感，關鍵在於事先掌握「自己現在處於哪一種情緒」。包括自己是否身體良好且心情極佳，或是否因周遭人的不幸而使自己心情低落，這些情緒明顯地會讓人在面對相同的事件時，做出迥異的對應方式。

　　讓我們再多探討一點心智模型。心智模型是指每個人心中刻劃的印象。任何人都會在心中設想事物運轉的方式，暗自暗刻劃出一個樣貌。

　　例如，看到不認識的大型狗，沒有人會突然撫摸那隻狗的頭。因為大部分的狗對於沒看過、不認識的人，都會保持警戒，如果有人突然伸手，恐怕會受到狗的攻擊，甚至遭到狗咬傷。我們對於狗這種動物，大概都抱持這類普遍的印象。

然而，如果是在出生後從沒見過狗的人，又會如何反應呢？看到飼主心情愉快地撫摸狗的樣子，他可能也會伸出手來。事實上，年幼的孩童常常做出這樣的行為，讓身邊的大人緊張不已。

　　就像孩童需要時間來學習認識狗這種動物，人在取得未知的資訊、體驗全新的經驗時，會基於遺傳的資質、文化傳統和至今的經驗等，分析整合這些資訊和經驗，最後在心中描繪出「事物的定義」、「事情的運作」等印象。這就是心智模型。

　　積極的心智模型和情感會成為 VSA 框架的基石，支撐個人的世界觀，讓人擁有自信，同時引導人產生直觀，以便對發生的事件做出明確的行動。

　　諸如應該知道卻無法選擇最恰當的行動模式、無法依照決定去行動，這一切都歸因於消極的心智模型。為了實踐策略和行動方針，實現願景，必須以積極的心智模型和情感，來面對這一切。

藉由自省來掌握心智模型，是基本要件

首先，想想自己擁有什麼樣的心智模型。要客觀了解自己的信念和既有觀念，並不容易，但如果你依照以下所述來進行自我反省（試著思考自己的行動和狀態），應該是不錯的開始。

花時間準備了公司會議的簡報，卻表現得一塌糊塗。搞錯會議室，差點來不及報告，電腦還當機好幾次。直到主管在結束時提問：「為什麼是這樣的結論？背景和理由都交代得不清不楚。」才發現自己慌張得跳過好幾頁重要的投影片。

在這樣的情況下，一定有人會想：我的實力僅止於此、至今的努力全都白費了，主管一定會認為我沒有實力。相反的，也有人抱持這樣的想法：誰都會失敗，這次的確做得不好，但我不會以此貶損自我的價值。加油！下次要準備得更完美。

那麼，你比較像哪一種類型呢？前者執著在消極的想法，後者積極又強韌。或者可以這麼說，前者是悲觀主義者，天生想法缺乏變化；後者是樂觀主義者，抱持著努力就能成長的想法。

接下來，請你問問自己以下的問題，應該可以找出你的心智模型。

- 失敗的時候、事情進展不順的時候，你的態度是如何？
- 如何看待自己的努力或成長？
- 稱讚自己的人，促使自己成長的人，你喜歡哪一種人？

如此深入思考自己如何掌握事物的原因及背景，應該就可以理解心智模型的一部分。

運用表格理解自己的心智模型

對於如何面對自己內心，在感到迷茫時，可以填一下第154頁的表格，就能了解自己大致上的傾向。

一旦你能約略掌握自己的心智模型，接下來就要思考它是否能與願景整合。比如，願景是透過尖端農業技術，實現健康豐富的飲食生活，策略是創立智慧農業新創公司，如果設定的人擁有喜好穩定的消極心智模型，那會如何？顯然他必須從根本上調整願景或心智模型，甚至更新心智模型。

心智模型是透過遺傳的資質、成長環境、至今的經驗所形成。然而，我們並不能掌控與生俱來的特質和年幼時期的環境，唯有透過自我意識累積的各種經驗，才有可能更新心智模型（雖然需要時間）。

　　從更新心智模型的角度來看，軍隊進行嚴苛的訓練、運動員接受大量的訓練，是極具意義的。這個經驗會讓人的心智模型在現實的殘酷戰場或競賽中，不會受到負面的影響。

　　即使不「快速」，也可能擁有與願景（V）、策略（S）和行動方針（A）連結的心智模型。最重要的是，好好凝視 VSA 框架，時時思考自己的心智模型。

掌握自己的心智模型和情感狀態的表格

我有什麼樣的心智模型和情感？

我的心智模型
和情感是　[　　　　　　　　　　　　　　　　]

．．

自己現在的心情（情緒、心理狀態）如何？

　　　　非常好　　　　普通　　　　非常不好

．．

自己偏向左、右哪一邊？（心智模型的狀況）

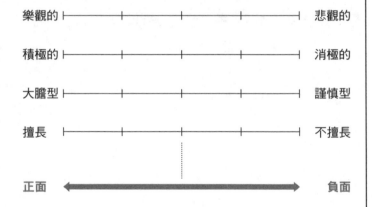

*以上結果可解讀為：如果傾向正面，面對發生的事時，大多以強烈的直觀應對，如果傾向負面，就較難產生直觀的能力，大多會害怕直觀的運作，容易有無視事件發生的傾向（依據從事的主題，心智模型會有所改變）。

日本人的心智模型類型

一

　　由於國家、地區和民族性不同，每個地區的人所擁有的心智模型，會有一定的類型。比起生長在氣候溫和、沒有飢餓經驗的人，生長在自然環境嚴酷、土地貧瘠的人，通常較為勤奮。生活在經常發生自然災害地區的人，警戒心較強，另一方面的想法是，面對大自然的力量，人類的一切行為不過是白費力氣，甚至連生命財產都會遭到奪取，同時抱持一種放棄的心態來接受發生的一切。

　　在美國文化裡，就算所經營的公司受到一、兩次的打擊，但只要有想法和執行力，就能得到創業的機會；在日本文化中，則會被貼上失敗的經營者之標籤，變得難以再次創業。當然，害怕失敗的心理和面對風險的態度，也會有所差別。

　　日本人至今的想法大多傾向於：只要失敗就會受到不好的評價，寧可不接受挑戰。組織亦同，只從事有萬全準備、可能會成功的計畫。組織整體都呈現「沒有往例就不出手」這樣的世界觀，這類案例多得不勝枚舉。這也可稱之為「氛圍」，是心智模型

的一種。

在計畫萬全和謹慎行動的情況下會具有成效，僅限於穩定的環境中。在這樣的世界，只要模仿他人，依循往例，就能出現不錯的結果。日本在經濟高度成長時期，立志追上歐美先進國家，就是一個典型的例子。當時實際體驗到成功經驗的那些人，為了使心智模型能夠順應如今不斷變化的時代，一定要努力改變。

現實世界並非靜止不動，因此商業的世界裡早已盛行使用 VUCA 一詞。雖然不需這麼小題大作，但是日常生活裡難免會遇到意料之外的事。

平常溫和的主管突然嚴厲地斥責；進行中的專案發生嚴重的問題；好久不見的同學在社群網站上取得聯繫，回想起過往的愛戀等。就算是固定的事務等每天重複的工作，其實也充滿了許多難以預料的情況。因此，我們才需要 OODA 循環思考法，以便積極地適應。

4

增進加速思考的要件

鍛鍊世界觀的四大訣竅

我想，大家讀到這裡，對於快速、適切行動所需的 OODA 循環思考，都已經了解其基本構造和使用方法了。只要將平常的思考方式轉換成 OODA 循環框架思考，你的判斷力和行動力就會發生很大的變化，而且 OODA 循環還具備了加速思考的結構。只要你持續努力，不斷磨練、拓寬、加深並強化第 3 章說明的世界觀，將能更加快 OODA 循環思考的速度。

我們無法完全了解世界上所有的事，而這個世界也持續不斷地變化。正因為如此，我們必須持續努力拉近現實世界與自身世界觀的距離。

想像一下《西遊記》的「釋迦摩尼佛掌心」篇章的內容，或許會對大家有所幫助。內容是孫悟空再怎麼爆走，胡亂狂飛，結果都只是在釋迦摩尼的掌心來回移動。只要你建構出像釋迦摩尼佛的掌心般的世界觀，就算發生孫悟空突然亂飛的事，也不會慌亂，而且更能驅動直觀的能力。

我們的世界觀當然遠不及釋迦摩尼佛的掌心，但是可

以努力自己的讓世界觀更加寬廣。

「這樣的情勢下，事情會這樣發展」，所以「為了達到自己的目的，要這樣行動」，要像這樣慢慢增加手中握有的模式。

隨著模式的增加，你在遇到意外情況時，陷入慌亂的情況也會減少。因為你可以用手中的其中一種模式或多種模式的組合，來應對眼前初次遇到的狀況。這就已經學習到了所謂的直觀能力。

如果用第 2 章介紹的 OODA 循環捷徑來說明，「不觀察」就「行動」的最快速模式（理解→行動），就屬於直觀行動的模式。

不過，談到鍛鍊世界觀，你是否不知道要從何處著手呢？在這裡向大家介紹四種路徑。當然，你還可以思考各種方法，因為每個人覺得適合的方法各有不同。請找出適合自己的方法吧！

1. 透過各種經驗學習教養

無時無刻都先意識到 VSA 框架，同時將視野擴展到無直接相關的地方，努力學習教養。所謂的「教養」，是指在與社會產生連結並累積各種經驗、獲得知識和智慧的過程裡，可以學到的見解、想法和價值觀。

為了學習教養，或許不少人覺得一定要有系統的學習。這的確是必要的，但最重要的是，不要過於偏重知識，而是透過體驗來訓練五感。宮本武藏除了武士道之外，也廣泛了解其他領域，例如：儒教、佛教、泡茶、禮法和能舞等，建議大家只要有觸類旁通的機會，就廣泛接觸各種技藝，了解各種職業。

試著在舉辦法事時到菩提寺參加早課。選一種沒接觸過的樂器，從零開始，學到可以演奏一首簡單的曲子。做一道沒吃過的料理，品嚐一番。登山露營，熬夜等待天明等。

或許，這些事將帶給你超乎想像的感動和滿足，或是感到不適合或失望，也有機會讓你發現自己至今未知的那一面。將這些設為自己的目標，事先假設，實際行動，讓自己的世界觀煥然一新。

我不是要大家在一切未明朗之時出手，重點在於鍛鍊意志，累積經驗，親身體會。

2. 多方了解自己的心智模型

為了正確掌握自己的心智模型，最有效的方法是從第三人的角度切入。因為其中包含了本人知道的心智模型和未曾發現的心智模型。為了知道別人已經知道，但自己卻不認識的自己（盲點領域），請別人給予回饋吧！

不妨以條列式寫下自己的心智模型，拿給信賴的前輩或親近好友確認，徵詢他們的意見，你將會有意外的發現。

例如，或許你自認為性格偏向積極、強悍，沒想到別人認為你有謹慎細膩的一面。像這樣的認知差距，是更新心智模型的絕佳時機。不妨試著思考為何別人對你會有不同的評價，以及如何才能消除這種認知上的差距。

3. 懷疑常識，時時確認事實

大眾普遍的言論，以及權威人士或機關的見解，未必一定正確。盡可能親臨事件現場，用自己的雙眼確認事實。

不要依賴著作或資料的引用或報導，重要的是找到原出處和第一手資料。如果可以，試著直接詢問，尋求建議。

　　秉持這樣的態度，才能抹去你自身的錯誤信念和既有觀念，消除世界觀和現實世界的差距。

4. 持續使用 OODA 循環思考

　　經常使用 OODA 循環思考，持續更新世界觀。日常生活中有各種場面都是實踐 OODA 循環思考和鍛鍊世界觀的機會。

　　每次收到新資訊、得到行動後的結果回饋時，就要有意識地使用 OODA 循環，將世界觀更新為最新版本。如此反覆操作，你的世界觀將越發豐富，而且堅不可摧。

以跨領域經驗，強化 OODA 循環

　　前聯邦準備理事會主席亞倫・葛林斯潘（Alan Greenspan）在雷曼風暴之前，一直領導著美國金融政策，而他曾經是一位音樂家。蘋果的史蒂芬・賈伯斯學過書法（文字美形的技術），開發出 Mac 的優美字型和作業系統操作介面。這些都是有名的小故事，不只在金融和資訊科技界，各行業裡擁有不同領域經驗的人做出一番傑出成績的情況，一點也不罕見。

　　由此可知，這些萬變不離其宗的專家優勢，在於豐富的知識與經驗，因此在針對普遍性的問題時，能夠非常有效率地做出精確且極度可信的判斷。不僅如此，來到如 VUCA 框架般變化急遽的時代，跨領域的經驗有備受重視的趨勢。

　　從 OODA 循環的角度來思考，乍看毫無關聯的領域，似乎因為擁有堅實的 VSAM 內涵而獲得的極大優勢。在以下的狀況中，可以基於跨領域的世界觀，發揮 OODA 循環思考的能力。

① 發生意外事件時

② 當舊有方法已達到臨界點，想尋求創新發想時

也就是說，當這個領域的專家經驗和知識，已經不適用於發生的事件，而有人擁有不同領域所鍛鍊出的強悍世界觀，就能期待他有機會找到突破點。

實際上，面臨緊要關頭時，運用不同領域的世界觀，可能是沒有選擇的選擇。第 3 章中曾介紹電影《薩利機長：哈德遜奇蹟》，大家認為沙林博格機長是將戰鬥機駕駛經驗習得的世界觀（VSAM），漂亮地運用在生死存亡的危機瞬間，成功促成快速的直觀判斷與實際行動。

從 OODA 循環思考的角度來看，不難理解為何企業和組織強調多元性的重要，以及個人被要求擁有各種領域教養的原因。

學有專精的確很重要，但是在現今的時代，若埋首於單一領域，危機也將隨之而來。因此，對於各領域的事件和資訊保有關心、從旁接觸以累積不同領域的經驗、與不同領域的人互動交流等，將能實質促進個人世界觀的拓展與鍛鍊。

持續使用 OODA 循環，時時汲取外部資訊，更新世界觀

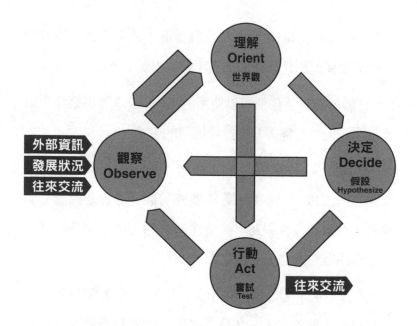

學習宮本武藏，將各項工具變成武器

「觀察」所需的工具

在熟悉 OODA 循環思考的前提下，活用工具將特別有效。那麼要使用什麼樣的工具才好呢？

正確解答是「任何可以使用的工具」。這聽起來好像毫無原則，但《五輪書》也抱持相同的看法。

宮本武藏是公認的功利主義者，最忌諱受到常識和既有觀念的束縛，一心追求致勝關鍵。他曾過說要拋棄一切執著，就算對後世視為「武士性命」的刀也不例外，唯有「了解武器的優勢」才最重要。

武器包括了刀、槍、鎧甲、頭盔等，有各種類別，各有優缺點。他曾表示，在狹窄場所，兩劍相交時，適用短刀；兩軍對戰時，長刀與長槍較為有利。人必須應時應地，視敵我雙方的戰力等狀況，選用最合宜的武器。

了解對戰武器的優點，配合時機和狀況，任何武器都能發揮效用。場所狹窄時，脇差刀有利於和敵方的近身攻擊。不論何處，太刀都極具效用。在戰場上，有時長槍優於長刀，先出長槍，再使長刀。如果彼此勢均力敵，使長槍的人稍占優勢。然而長槍和長刀，依情況也會顯露缺點，無法發揮效用。（中略）針對各項武器，避免有特別的喜好。

【原文】知兵器之利，依時順勢，皆可用之。脇差利於狹窄之處，與敵近身之擊。太刀於何處皆謂有利。於戰場，長槍或優於長刀，先出長槍，後使長刀。若敵我相當，長槍者略勝。然長槍、長刀，依情勢亦有未能施展其利。（中略）諸兵器，忌好惡。

現代社會最主要的武器是數位工具。全球最先進驚人的 AI 等數位服務，如今已進入對使用者開放的前期階段，而且大多以免費或收取極低費率的方式即可使用，並不限於部分的大型企業或研究所。此外，明日還會出現比今日更佳的產品，更方便好用的設計。這就是數位世界。為了拓寬世界觀，數位工具一定會有用得上的地方。

談到此處，我們尚未具體討論設備和軟體，只介紹對於數位工具的想法。

在 OODA 循環思考方面，數位工具可在「觀察」和「理解」的流程上一展長才。雖說是數位工具，但你不需要準備特殊系統和機器，只要有一般的電腦和手機，依照以下說明的使用方法，即可有助於加速和確立 OODA 循環。

在「觀察」（Observe）過程中，充分運用蒐集資訊的工具，可窺得方圓百里之外發生的事，還有大趨勢和潮流的變化。其中最簡便又唾手可得的方式就是網路搜尋。不過，由於這是任何人都可以輕易使用的工具，運用能力的優劣，高下立見。

我曾經參加「搜尋技巧」的學習講座和檢定測試，然而，「搜尋內容」遠比技術重要。我們之所以與受委託查詢資訊的搜尋專家不同，其間的差距在於標題。

重要的是，你是否知道關鍵字；定期確認好用的網站和媒體，並確認關鍵字；追蹤具高資訊敏感度且影響力大的名人，或興趣相似的友人社群網站和部落格。

如果可以，你還要將對象擴及國人和國內媒體以外的訊息。如果你只關注國內，就會出現偏見，世界以英文運作的說法絕非虛言。再者，如果你有在意的關鍵字，可以運用翻譯應用程式，詳細調查。你必須如上述般主動搜尋標題本身才行。

這時候的重點是，盡可能取得第一手資料。眾所皆知，網路資訊真假交錯，包括新聞和雜誌、書籍和各種報告，還有維基百科也不例外。大型媒體和有頭銜的名人著作中，也可能發生錯誤。他們並非企圖製造假資訊，但是多少可以從中發現一些單純的錯誤而引起誤解的情況。即使你只知道有這樣的情況存在，與不知道的人相較，在看待資訊的能力上已經有很大的分別。

提醒大家，即使你這樣努力，可以看到的世界依舊有限。不論你走到哪裡，也無法看遍全世界，想要全面理解更是難上加難。只要你沒有忘記這個前提，同時心無芥蒂地接受違反直觀的資訊，或是試著懷疑定論。時時切記「只秉持事實」的態度。

「理解」所需的工具

蒐集資訊後，整理並保管好，在必要場合馬上取出。這樣一來，當發生狀況時，你就可以馬上「理解」（Orient）。在現代，資訊永無止盡地不斷湧現，因此，能夠馬上提取所需的資訊，將之轉換成可以使用的狀態，才是最重要的。

為此而誕生的一種解決方法是「知識管理」，一般泛指

組織內部共享及活用知識和資訊，以加強競爭力。對個人來說，知識管理同樣必要。要是你置之不理，一味增加資料和文件，那麼它們就會像是散落在桌面的雜物，讓人不知該從何找起。所以，你應該使用相關工具，事先將資訊整理成在必要時刻可以隨手取用的狀態。

我個人會活用手機的筆記應用程式。只要是聽到別人的談話，或是瀏覽網站時留意到的資料，就會做成標註了關鍵字的新備註，並貼上網址連結。事先處理好，就方便在任何時候連結，不用擔心不知道資訊來源的網站。你還可以利用雲端同步化，在電腦上查閱、編輯或加入圖片，都很方便。

筆記應用程式越來越多，而且也不受限於數位裝置的種類，請挑選一個自己覺得好用的吧！但請留意，如果這個應用程式不能在多種裝置上使用，將大大降低使用的自由度。在現今的時代，一個人使用手機、電腦、平板等多種裝置相當常見。裝置之間資料同步化，可以因應需求在任何裝置上使用的跨平臺功能，已經成為個人知識管理必不可少的要求了。

還有另一種解決方法，就是分類。大家有聽過「分類學」嗎？分類學和分類法是源自生物學界的語彙，現在也

廣泛運用在資訊系統等各種領域。

　　原本，「理解」一詞就包含了「分析、條理」的意思。一味蒐集資訊，卻不知道「區分」的方法，將難以促進你的認知和行動。所以，對照至今的經驗和知識的架構來分類，將之放進特定的資料夾，正是所謂的理解。

　　將你從網站蒐集到的資料和書本閱讀到的知識，以主題和領域、用途等，有系統地收納在分類資料夾中，依自己的習慣標註及管理。這樣初步的分類將完全改變資訊的活用度，請務必試試看。

　　如果出現了不適用於舊有架構的意外事項，一定要準備新的架構。這是 OODA 循環思考中，對於能否更新世界觀的問題之回覆。跟本章的案例一樣不斷努力的人，和與之相反的人，在思考和行動的速度上會出現極大的差別。

5

「深入對方 OODA 循環思考」的活用方式

OODA 循環思考終極大法，
驅動對方的內心

　　到目前為止，我已經說明了，透過確實建構自己的世界觀，以及明確運用 OODA 循環思考，如何快速地判斷和行動。在最後一章介紹的 OODA 循環思考的使用方法，則與一般流程稍微不同。

　　那就是「深入對方 OODA 循環思考」的活用方式。大家可能會想，光是自己要運用就已經令人筋疲力竭了，更遑論走進他人的 OODA 循環思考。但是，你只要了解這個方法，就相當有用了。

　　我們每天幾乎都不是獨自一個人生活。工作方面，要面對主管、同事、下屬、客戶；學校方面，要面對學生、孩童、幼稚園學生或老師；個人方面，則要面對家人、朋友、同伴。你與這些人相處，在彼此的影響下思考與行動。不用多說，這些人當然有自己的世界觀，而且不管他們有沒有意識到，都會使用類似 OODA 循環過程的思考，「觀察→理解→決定→行動」。換句話說，只要生活與他人相關，勢必會參與他人的 OODA 循環思考。

那麼，如果你走進他人的 OODA 循環思考，影響對方的世界觀，將會如何呢？在此再次說明，世界觀是指一個人如何看待這個世界。對方會依據自己對你的認知，來決定與你相處的態度。如果你能影響並改變這個世界觀，讓對方對你的了解、判斷和行動隨之變化，就代表你走進了對方的 OODA 循環思考中。

這感覺起來好像是暗黑心理學的操作，但這與吸引客戶的關注、給面試官良好的印象、通過面試等，基本上的道理都是相同的。觀察對方對自身發言與行動的反應，解讀對方的世界觀之狀態，以此為基礎來設立策略和行動方針，以達到目的。這就是將 OODA 循環活用為驅動他人行動的框架思考。

內心是一決勝負的關鍵

這一點正是約翰‧博伊德戰略理論的卓越之處。在 OODA 循環思考法出現之前，歐美的戰略理論是以數量戰勝敵軍，相對於此，博伊德的目的在擊潰敵軍領導者的心智。如果讓他們覺得無法戰勝，舉白旗投降，戰爭隨之結束，不需要再做無謂的流血戰，更不會陷入如泥淖般的消

耗戰。

　　以擊潰心智為目的，一如宮本武藏所言的「動搖敵心」。所謂的「動搖敵心」，是讓對方的心智不再堅定。一旦使劍高手內心搖擺，即使他以武力勝出，也無法全面獲勝。內心才是一決勝負的關鍵。

　　　　「動搖敵心」是指消磨敵方強悍的心智。（中略）自身隨機應變，靈活運用各種技巧，看似挨打，看似受刺，看似遭擒，伺機觀察敵方鬆懈之時，我方自然取得勝利，這是對戰時的第一要件。

　　【原文】「動搖敵心」乃動搖敵方之心。（中略）我方順勢用計，使之誤認我方挨打、受刺、遭擒，趁敵方混亂之際，自然贏得勝利，此乃兩敵對戰之關鍵。

　　另外，宮本武藏重視讓對方處於不能如願行動的狀態，可用「完全潰敗」一詞來形容。若對方沒有「完全潰敗」，即使戰敗了，也很難崩潰，所以才說一定要將對方完全潰敗。這麼一來，表示對方的世界觀崩壞，停止思考，內心折服，對眼前發生的事，腦中呈現「一片空白」。

有時敵方表面戰敗，心底卻還沒有認輸。這種時候，首先要快速轉念，看到敵方斷絕戰鬥之心，打從心底認輸。貫穿心底，就是放棄戰鬥的太刀、放棄戰鬥的身體、放棄戰鬥的心。（中略）只要心念猶存，敵方難以擊潰。

【原文】敵看似已敗，心仍未輸。此時，必先速轉心念，見敵斷戰心，心服認輸。內心潰敗，即放下太刀，放下戰之身，放下戰之心。（中略）一旦心念猶在，敵實難擊潰。

美軍為了使對方喪失意志，當然會深入對方的 OODA 循環思考，干擾其世界觀，除了動用武力，還會使用其他各式各樣的手段。在這種時候，間諜活動至關重要。掌管敵軍的指揮者是何等人物、對方正在觀察什麼、有什麼行動、對美軍的一舉一動有什麼反應等，收集這些情報，掌握 VSAM 內涵，以捕捉對方的世界觀。

深入對方的 OODA 循環思考，產生價值

如果對方是敵人，你的目的就是動搖其心智，將他打敗。然而，在日常工作及生活的環境中，這樣單純的利益敵對關係反而少見。比較常見的是，激勵後進的內心，提

高其熱情並發揮實力,以提升團隊業績,讓自己的工作評價隨之提高;或者是面帶笑容地向大樓管理員打招呼,對方可能會更熱心地協助清潔入口。

像這樣運用於日常生活中,走進對方的 OODA 循環思考,影響他人的世界觀,讓自己與對方都獲得價值,不正是一種典型的模式嗎?

請回想一下,在第 2 章的實踐案例中,小田先生如何應對滯留在車站的週年慶活動來賓?這些來賓一直等候,不知何時可前往會場,小田先生身為週年慶活動主辦方,若是受到投訴,雙方關係最終可能僅止於此。

但是,小田先生充分體會來賓的心情,做出最好的決定,才能避免不好的狀況發生。事實上,所謂超乎想像的服務,大多出現在走進對方的 OODA 循環思考,感動人心的時候。

麗思卡爾頓酒店(The Ritz-Carlton)共同創辦人赫斯特・舒茲(Horst Schulze)擔任首任營運長時,所設立的信條是,「我們必須迎合對方內心的欲望、感情、價值觀、還有興趣。」奠定了現今麗思卡爾頓酒店的基礎,這段話也曾收錄在他個人的著作中。

麗思卡爾頓酒店遵從他的指導，走進客戶的 OODA 循環思考，因應潛在的需求，有時甚至超乎預期，如今獲得最佳連鎖酒店的美譽，絕非浪得虛名。

面試時意外的絕佳效果

即使非專業服務人員，也有很多藉由走進對方的 OODA 循環思考，取得良好溝通的狀況。就職和升學時的面試，正是最佳例子。

大多數企業在任用新人時，會請組織中最優秀的員工負責第一次面試。企業下達的指令是，挑選出你最想一起工作的人選。這代表彼此之間要有大致共通且可以共同感受的世界觀。因此，公司會對這名優秀員工直觀挑選的人才寄予厚望，希望他在進公司後，能夠與這名優秀員工一樣，對公司有所貢獻。

反過來可以這麼說，為了讓面試官留下好印象，必須走進他的 OODA 循環思考，接近他的世界觀，才能達到目的。這樣的世界觀，一般可以從企業公開的資料、高層談

話的報導等，窺知一二。但是，這些方法眾所皆知。若想領先他人一步，必須請教在該公司的同校學長姊，或是在面試時走進對方的 OODA 循環思考，接近他沒有對外公開的世界觀。

首先，我們必須仔細觀察對方在初次見面時展現的表情，打招呼後回應的對話。接著，當我們回應提問時，請注意對方的眼神是否閃閃發亮，還是黯淡無光。觀察對方不自覺抬頭、做筆記的動作等，對什麼感興趣，或許還能發現對方當天的心情如何等重要的信號。對於回答速度的快慢，對方比較喜歡哪種反應，也是一個重點。

這樣仔細地深度觀察後，你將能逐漸掌握對方下次的發話與行動。如此一來，對於意料之外的提問，或所謂的壓力面試，你再也不會感到焦慮。不論對方投的是什麼球，你都能回擊到對方希望的位置，有時你也可以試著擊出意外高飛球，讓對方奔跑對應。如此一來，雖然你站在接受面試的立場，也可能處於優勢。

日本人擅於閱讀氣氛，若要這麼做，一定得了解在場人員的想法與心情。換句話說，大多數的日本人都具備了走進對方 OODA 循環思考的素質。首先，建議你從想像及描繪對方的 VSAM 內涵開始。

小田先生實踐 OODA 循環
[走進對方的 OODA 循環]
一

　　轉業協助企業 Sachare 公司五週年慶活動已經晚了十五分鐘才開始，卻又發生了其他問題。客戶和使用者表達祝福與鼓勵的訊息影片，未能處理得當，一不小心失手切斷了重要企業客戶的董事的訊息。

　　在會場的當事人臉上浮現驚愕的表情，其下屬人事部長也怒不可抑，質問 Sachare 公司的負責業務：「我們挪出寶貴的時間協助拍攝，結果卻被切斷，這是什麼意思！」

　　但是，專案管理人卻面不改色地逕自向前，向對方的董事與人事部長表達歉意，以便確認兩人的世界觀（VSAM）。董事本人或許因為不太了解狀況，並沒有這麼生氣。但人事部長對於自家公司的訊息被切斷，感到憤怒，同時也擔心董事的怒火波及自身。這就是走進對方的 OODA 循環中，進行思考並理解。

　　「我們了解貴公司誠摯寄予的期望，是不是可以請您以特別客戶的身分，上臺直接發表談話呢？當

然，要是您想要發飆狂罵，也沒關係。」

專案管理人看穿對方的董事並非拘泥小事的人，應該也不會發表破壞祝賀氣氛的言論。從眾多客戶中特別邀請上臺的形式，也不會讓人事部長顏面盡失。

結果一如專案管理人的評估。在突發事件的情況下，「讓所有參加者都感到幸福」的願景也讓人可以鎮定地決定，即刻行動。

後天開會時，從專案管理人到所屬的團隊成員，早已做好心理準備，知道會遭到社長嚴厲地斥責。但是，社長心情愉悅地說了一些令人意外的話，同時還為團隊加油打氣。

「大家沒有受到時間的限制，在準備時間如此短的情況下，仍然有如此好的表現。公司希望充分向客戶表達感謝之意。不管如何，最重要的是，讓所有客戶度過快樂的時光，笑容滿面地回家。這場五週年慶活動，辦得真棒。」

小田先生聽到這番話，回想起當初剛進公司的時候。

「正因為工作是嚴肅，有時還很辛苦的事，大家一定要能夠充滿熱情。不論多少人，希望讓更多人找到工作的幸福。營業績效當然重要，但這只是提

供給許多人幸福地工作的機會，所伴隨而來的結果。」

　終於，小田先生的迷惑一掃而空。

主要參考文獻

- 入江仁之（2018），《用 OODA 管理打造「即刻決定的組織」》（「すぐ決まる組織」のつくり方——OODA マネジメント），FOREST 出版（實現 OODA 循環思考的組織論入門書）

- 宮本武藏著，魚住孝至編輯（2012）《宮本武藏「五輪書」給初學者的日本思想》（宮本武藏「五輪書」　ビギナーズ　日本の思想），角川學藝出版

- Bennett, Nathan and Lemoine, G. James(2014), *What VUCA Really Means for You*, Harvard Business Review（VUCA 框架思考，《哈佛商業評論》刊登的論文）

- Bonchek, Mark and Fussell, Chris(2013),*Decision Making, Top Gun Style*, Harvard Business Review（關於適用於商業的 OODA 循環框架思考，《哈佛商業評論》刊登的論文）

- Boyd, John R.(1964), *Aerial Attack Study*（美國空軍空戰教科書）

- Boyd, John R.(1976), *Destruction and Creation*（約翰・博伊德唯一的論文）

- Boyd, John R. (1976), *New Conception of Air-to-Air Combat*（講義資料）

- Boyd, John R. (1986-1991), *Patterns of Conflict*（講義資料）

- Boyd, John R. (1987-1991), *Organic Design for Command and Control*（講義資料）

- Boyd, John R.(1987-1991),*The Strategic Game of ? and ?*（講義資料）

- Boyd, John R.(1992), *Conceptual Spiral*（講義資料）

- Boyd, John R.(1996), *The Essence of Winning and Losing*（講義資料）

- Boyd, John R., Edited and Compiled by Hammond, Grant T. (2018), *A Discourse on Winning and Losing*, Air University Press（約翰・博伊德作品集大成）

- Bower, Joseph L. and Hout, Thomas (1988), *Fast-Cycle Capability for Competitive Power*, Harvard Business Review（OODA 循環的高速競爭戰略，《哈佛商業評論》刊登的論文）

- Clausewitz, Carl Von(1832), Howard, Michael and Paret, Peter translated (1976, 1984), *On War*, Princeton University Press。日文譯版：卡爾・馮・克勞塞維茨著，清水多吉譯（2001），《戰爭論〈上〉〈下〉》，中央公論新社

- Cleary, Thomas F. (2005, first published 1991), *Japanese Art of War: Understanding the Culture of Strategy*, Shambhala Publications（約翰・博伊德的愛書《日本兵法》）

- Coram, Robert(2002), *Boyd: The Fighter Pilot Who Changed the Art of War, Little*, Brown and Company（描寫約翰・博伊德人生與功績的紀念傳記）

- Endsley, Mica R. and Garland, Daniel J.(2000), *Situation Awareness Analysis and Measurement*, CRC Press（情境知覺入門書）

- Hammond, Grant T.(2001),*The Mind of War: John Boyd and American Security*, Smithsonian Institution（約翰・博伊德傳記）

- Klein, Gary(2003), *The Power of Intuition: How to Use Your Gut Feelings to Make Better Decisions at Work*, Crown Business（直觀力入門書）

- Libet, Benjamin(2005), *Mind Time: The Temporal Factor in Consciousness*, Harvard University Press. 日文譯版：利貝特著，下修信輔譯（2005），《心智時間》，岩波書店

- Osinga, Frans P.B.(2007), Science, *Strategy and War: The Strategic Theory of John Boyd*, Routledge（約翰・博伊德唯一的 OODA 循環理論學術著作）

- Partnoy, Frank(2012), *Act Fast, but Not Necessarily First*, Harvard Business Review（OODA 循環決策決定過程,《哈佛商業評論》刊登的論文）

- Richards, Chet(2004), *Certain To Win: The Strategy Of John Boyd, Applied To Business*, Xlibris Corp. 日文譯版：理查德・切特著，原田勉譯（2019），《OODA LOOP（OODA 循環）》，東洋經濟新報社（約翰・博伊德的同事，數學家理查德・切特解說約翰・博伊德的理論）

- Ries, Eric(2011), *The Lean Startup: How Today's Entrepreneurs Use Continuous Innovation to Create Radically Successful Businesses*, Currency/Crown Publishing. 日文譯版：艾瑞克・萊斯著，井口耕二譯，伊藤穰一解說（2012），《精實創業》，日經 BP（以 OODA 循環理論為基礎而開創的精實理論）

- Wan. Xiaohong; Nakatani, Hironori; Ueno, Kenichi; Asamizuya, Takeshi; Cheng, Kang; Tanaka, Keiji(2011), *The Neural Basis of Intuitive Best Next-Move Generation*

in Board Game Experts, Science Vol. 331 no. 6015
P.341-P.346（關於直觀的科學期刊刊登論文）

• 田中啟治、林愛子採訪編輯（2011），「掌管直觀的神祕大腦」
RIKEN NEWS（科學期刊刊登論文摘要介紹）

• Weick, Karl(1995), *Sensemaking in Organizations
(Foundations for Organizational Science)*, SAGE Publi-
cations, Inc. 日文譯版：卡爾·韋克著，遠田雄志與西本直人
譯（2001），《創造組織意義》，文真堂（意義建構的入門書）

後記

在此感謝大家閱讀這本書，這些內容是否顛覆了你的思考法呢？

最後想問大家一個問題，你的思考法是哪一種呢？思考法是一個人的想法模式，不需要設定成「○○思考模式」這樣響亮的稱號，你傾向哪一種思考法與模式呢？

「想來想去，就這樣吧」：或許很多人屬於這一種。

「做與不做，當下決定」：也有一些人屬於這一種。

「思考一向具有邏輯性」：喔，你真的是這樣嗎？

我並沒有想要表示哪一種思考法好或不好。重點是，你至今是如何思考的？對自己的思考法又了解多少？這才是我聚焦的地方。身而為人，我希望大家都掌握了自己的思考法。

人類自嬰兒期到幼兒期，慢慢學習「自己與他人的分別」，漸漸發現「自己和他人的想法不同」。從少年期到青年期，不斷累積這樣的經驗，接觸到各種人的不同想法。直到長大成人，終於可以用俯瞰的視角，看待「自己的想法」。這些是親身體會所獲得的經驗。

在我的經驗裡，總覺得極少有中學生能說明什麼是思考法。即使是大學生，絕大部分的人也很難向別人說明「自己的思考類型或模式」。這類型的人在初出社會就業時比較辛苦，因為他不能客觀地行銷自己，甚至可能讓人覺得過於自我、不夠成熟。相反的，可以客觀看待自己的人，能發現自己思考法特色的優缺點，他的想法與行動會給人信賴感。

首先，要了解自己習慣的思考法，這是第一要件。這有點難以說明，但像這樣俯瞰自身的想法與行動，一般稱為「後設認知」。

學會這一點之後，請先將自己至今的思考法擱置一旁。這可不像嘴上說說那麼簡單。一如想要改變使用右手的習慣，要改變長期習慣的思考法，也伴隨一定的困難度，更是一種高階的認知活動。

即使如此，還是請大家一定要想辦法戰勝困難。

克服了高次元的認知革命，學到新的思考法，才能更適應各種變化。好比將版本升級成最新版的作業系統一樣，可以解決過去的安全性漏洞和故障問題，而能不受干擾地輕鬆運行，還能增加應用程式的安裝選項。

提到腦中應該安裝的最新版作業系統，除了 OODA 循環思考法以外，別無其他選擇。OODA 循環思考讓你可以自由往來於俯瞰自身世界的後設認知，以及如脊隨反射的直觀行動，即使你必須面對否定自己過往想法的艱困情況，都能為你帶來深遠的影響。

我衷心期望大家能自然地運用 OODA 循環思考，朝向夢想，邁向豐富的人生，擁有幸福。如同序章所說，我希望像赤坂先生這樣在瑞典餐廳對點餐感到困難，無法令人信賴的人，能成為具瞬間判斷能力且即刻行動的人。

這本書出版時，得到以下許多人的支持與幫忙，包括相澤攝、入江友之、岩崎卓也、上野典子、大石高至、貝瀨裕一、木山政行、清水盾夫、鈴木憲、吉田瑞希（省略敬稱），最後，由衷感激大家的協助。

2019 年 8 月

入江仁之

OODA 循環思考【入門】
──讓你瞬間做出判斷、即刻行動的技術
OODA ループ思考 [入門] 日本人のための世界最速思考マニュアル

作　　　者───入江仁之
譯　　　者───黃姿頤
封面設計───萬勝安
內頁編排───劉好音
特約編輯───洪禎璐
責任編輯───劉文駿
行銷業務───王綬晨、邱紹溢
行銷企劃───陳詩婷、曾曉玲、曾志傑
副總編輯───張海靜
總 編 輯───王思迅
發 行 人───蘇拾平
出　　　版───如果出版
發　　　行───大雁出版基地
地　　　址───台北市松山區復興北路 333 號 11 樓之 4
電　　　話───（02）2718-2001
傳　　　真───（02）2718-1258
讀者傳真服務─（02）2718-1258
讀者服務 E-mail── andbooks@andbooks.com.tw
劃撥帳號 19983379
戶　　　名 大雁文化事業股份有限公司
出版日期 2020 年 9 月 初版
定　　　價 300 元
ISBN 978-957-8567-69-6
有著作權・翻印必究

國家圖書館出版品預行編目資料

OODA 循環思考（入門）：讓你瞬間做出判斷、即刻行
動的技術／入江仁之著；黃姿頤譯 . – 初版 . – 臺北市：如
果出版：大雁出版基地發行 , 2020. 09
面；公分
譯自：OODA ループ思考 [入門] 日本人のための世界最
速思考マニュアル
ISBN 978-957-8567-69-6（平裝）

1. 決策管理 2. 企業管理 3. 思考

494.1　　　　　　　　　　　　　　　　109013172